LA SCIENCE À L'USAGE DES NON-SCIENTIFIQUES

Paru dans Le Livre de Poche :

À TOI QUI N'ES PAS ENCORE NÉ(E)

L'ÉQUATION DU NÉNUPHAR

J'ACCUSE L'ÉCONOMIE TRIOMPHANTE

PETITE PHILOSOPHIE À L'USAGE DES NON-PHILOSOPHES

LE SOUCI DES PAUVRES

ALBERT JACQUARD

La Science à l'usage des non-scientifiques

CALMANN-LÉVY

ISBN : 2-253-15400-8- 1re publication - LGF
ISBN : 978-2-253-15400-6- 1re publication - LGF

SOMMAIRE

Entrez dans la danse
Voyez comme on danse
Tournez, valsez
Embrassez qui vous voulez

Le petit enfant entre dans la société des hommes en s'amusant, en chantant, en dansant.

Le « grand » entre dans l'univers des quarks et des galaxies en s'émerveillant, à condition de le regarder avec lucidité, donc de profiter des apports de la science.

Entrez dans la science

LA SCIENCE EN CHANTANT

L'aventure de la science a commencé lorsque, il y a quelques dizaines ou centaines de milliers d'années, un de nos lointains ancêtres, Ève ou Adam de la connaissance, regardant au lever du jour une boule de feu jaillir au-dessus de l'horizon, et se souvenant d'avoir contemplé le même spectacle la veille, s'est demandé : « Est-ce la même boule de feu qu'hier ? » La question était parfaitement oiseuse ; la réponse, si elle avait pu être obtenue, n'aurait rien changé aux problèmes posés par la survie. Ce qui importe est que la boule de feu apparaisse, éclaire, réchauffe et facilite par sa présence les tâches nécessaires : chasser, cueillir, pêcher. À quoi bon connaître son origine !

Mais ni la chasse ni la pêche n'ont pu lui faire oublier son interrogation. Elle n'avait aucune conséquence pour sa vie quotidienne, il ne pouvait pourtant s'en débarrasser ; lancinante, elle s'est accrochée à lui comme une sangsue. Obtenir une réponse lui semblait aussi nécessaire que boire et manger. Comme personne ne put lui en fournir, il se contenta d'en imaginer une, en admettant, par exemple, que cette boule était chaque matin nouvelle et qu'une divinité inconnue, loin derrière l'horizon, travaillait durant la nuit à la fabriquer, la lançait au matin vers le ciel et la laissait retomber le soir dans l'océan où elle s'engloutissait. L'interrogation débouchait sur l'inquiétude : pourvu que ce dieu inconnu poursuive sa tâche !

Il se trouve que cette étrange attitude de questionnement a été contagieuse. Elle s'est répandue dans toute notre espèce au point d'être une des caractéristiques qui fondent notre originalité ; elle nous différencie des autres primates beaucoup plus que l'absence sur notre corps de la belle fourrure ornant le corps de nos cousins chimpanzés et gorilles ou l'inaptitude de nos membres postérieurs à agripper les branches. Nous ne sommes pas seulement des primates nus et plutôt maladroits, nous sommes surtout des animaux curieux : dès le plus jeune âge, le discours des enfants fourmille de points d'interrogation ; tout au long de sa vie, l'adulte est tenaillé par l'inconfort des questions sans réponse.

Il appartient à l'espèce *Homo sapiens* : il est un primate capable de se poser des questions.

Apporter des réponses est donc équivalent à faire un cadeau précieux. Au départ, la seule source était l'imagination de ceux qui osaient concevoir et exprimer une hypothèse ; d'où la multitude des mythes s'efforçant d'expliquer les événements observés, fragments épars d'une réalité qui peu à peu se révèle sans être jamais totalement dévoilée.

Mais, au-delà de ces mythes, le besoin est apparu d'assurer une certaine cohérence entre les informations que veut bien nous fournir la nature et les explications partielles que nous en donnons. Ce que nous désignons maintenant comme la recherche scientifique est l'exploration des chemins qui permettent de satisfaire cette ambition.

Pourquoi la tempête se lève-t-elle sur le golfe et met-elle les bateaux en péril ? Il suffit d'évoquer une colère de Neptune mis hors de lui par les frasques d'Amphitrite, et tout est dit. Ces divinités vivent dans un monde hors de portée des humains ; imaginer leur comportement comme la source inaccessible des événements n'apporte aucune réponse utile. Tout au plus peut-on espérer apaiser leur colère ou attirer leurs bienfaits par des sacrifices ou des processions, mais l'efficacité de ces cérémonies se révèle à la longue bien décevante.

Devant cet échec, certains esprits ont abandonné le court-circuit logique qu'est la mythologie et cherché des rapports de causalité entre les faits qui se succèdent. Constatant que l'agitation des arbres et le souffle du vent sont des événements simultanés, l'enfant en conclut volontiers que les arbres, en s'agitant, provoquent le vent. Constatant ensuite que le vent peut aussi se lever en l'absence d'arbres, il remet en question son explication première et admet que le vent est la cause de l'agitation des arbres, et non l'inverse. Ce faisant, il franchit une étape supplémentaire et adopte un comportement authentiquement « scientifique » :

il recherche entre les manifestations successives du monde réel des chaînes causales orientées de l'avant vers l'après. Il imagine un modèle de l'Univers dans lequel les événements se déroulent conformément à quelques règles.

Il devient *Homo sapiens sapiens*, c'est-à-dire un primate qui s'efforce de trouver des réponses logiques à ses questions.

De l'observation à la compréhension

Par tous nos sens, nous sommes à chaque instant informés de l'état de la petite portion du monde qui nous environne. Un flux permanent de sensations nous apprend que nous baignons dans un univers changeant dont il nous faut tenir compte pour assurer le prolongement de notre existence.

Ici, « nous » ne désigne pas seulement les membres de notre espèce, mais tous les êtres que la nature a dotés d'un minimum d'autonomie. Le plus humble animal a la capacité de prendre en compte, pour adapter son comportement, les informations qu'il reçoit par l'intermédiaire de multiples organes des sens. La particularité de notre espèce n'est pas de disposer de sources d'informations particulièrement performantes (nous sommes plutôt mal dotés, notre vue est moins perçante que celle de l'épervier, notre ouïe moins aiguisée que celle du chat, notre odorat moins fin que celui du chien) ; ce qui nous distingue est d'avoir adopté une attitude d'interrogation : nous cherchons à remonter la chaîne des causalités qui ont abouti aux événements constatés, c'est-à-dire à comprendre les processus qui se déroulent autour de nous et en nous.

Quelle ambition extravagante : comprendre ! L'Univers m'entoure ; j'en fais partie ; il m'a produit. Mû par toutes les forces qui le travaillent, il a réalisé une multitude de structures, les unes infimes, ainsi les noyaux des atomes, d'autres gigantesques, ainsi les galaxies, les unes apparemment stables, comme assagies, d'autres en rapide transformation, comme tendues vers la réalisation de la réalité à venir. Parmi les innombrables produits de cette moisson cosmique, moi et mes semblables.

Les mêmes processus qui ont abouti au cœur de certaines galaxies à des trous noirs plus massifs que des milliards de soleils, entre ces galaxies à un espace quasi vide traversé par des rayonnements si faibles qu'ils sont à peine décelables, ici à une fournaise où des éléments portés à des millions de degrés élaborent de nouveaux atomes, là à une glacière où le temps même semble près de s'arrêter faute d'événements, ces mêmes enchaînements aveugles, imprévisibles, brutaux, de causes et d'effets ont provisoirement abouti, sur cette petite planète, après quelque quinze milliards d'années, à un être capable d'admirer la quiétude des crépuscules, de s'enivrer de la beauté des roses, de s'émouvoir d'un regard.

Capable aussi d'entreprendre la reconstitution

du chemin qui, à partir de l'informe bouillie initiale, au prix de l'exploration de multiples impasses, d'innombrables bifurcations vers de nouvelles voies, de ruptures brutales, d'essais, d'erreurs, a conduit jusqu'à lui. Pour parvenir à cette compréhension, il lui faut s'échapper par la pensée de l'univers qui l'a produit, le regarder comme s'il le contemplait de l'extérieur et élaborer des questions auxquelles cet univers puisse répondre, c'est-à-dire inventer le langage de la science. Il est semblable à un enfant qui, produit par le ventre maternel, constate un jour que sa mère est autre que lui-même, s'adresse à elle et attend qu'elle réponde à ses interrogations. De questions en réponses, il construit son explication du monde, ce faisant il se conduit en scientifique.

Car être scientifique, c'est oser tutoyer l'Univers.

Ce dialogue entre l'ensemble des humains et ce qui les entoure vient, au cours du dernier siècle, sans que nous en ayons encore suffisamment pris la mesure, de se transformer radicalement, car il tient compte de réalités qui étaient jusque-là restées cachées, et utilise pour mieux les décrire un langage nouveau.

Alors que depuis toujours nous avions regardé cet univers comme stable, nos télescopes et nos équations viennent de nous montrer qu'il est en expansion : les galaxies s'éloignent les unes des autres. Cette découverte a bouleversé notre compréhension du monde et ouvert des voies nouvelles aux interrogations sur la place que nous y tenons ; elle ne concerne cependant qu'une caractéristique spatio-temporelle, qu'un point de vue de géomètre.

Beaucoup plus fondamental est le constat que l'Univers est en jaillissement. Il ne se contente pas d'accroître l'espace, qu'il crée en l'occupant, de prolonger le temps, qu'il génère en faisant se succéder les événements, il fait aussi apparaître des objets nouveaux ; il met en place des assemblages structurés selon des schémas originaux, dotés de pouvoirs inédits. Il est à la fois l'objet et l'auteur d'une permanente création, d'une genèse sans jour de repos, d'une perpétuelle naissance.

Un élan créateur est à l'œuvre depuis l'inaccessible origine, et les causes de cet élan commencent à être comprises. Comment savoir si cet élan est dirigé vers une cible ? Il a été capable de nous produire, c'est un fait ; mais le constater ne permet nullement d'affirmer qu'il était mû par une volonté tendue vers notre réalisation. Cette interrogation est définitivement sans réponse.

Par contre, nous savons qu'aujourd'hui, dans cet Univers, existe un objet capable d'inventer demain, d'orienter ses actes de l'instant présent en fonction d'un résultat désiré pour un instant ultérieur. Cet objet, nous, est donc responsable de son propre devenir. Il est semblable au navigateur : quelle que soit la direction du vent, il en utilise la force pour aller, en « tirant des bords », vers le but qu'il a choisi.

La connaissance dégradée en efficacité

Ainsi présentée, l'activité intellectuelle fondée sur la rigueur est l'attitude spécifique de notre espèce ; c'est elle qui l'identifie. Pour appartenir véritablement à cette espèce, le trait essentiel est de participer à l'aventure de la connaissance, aventure qui est l'équivalent d'une naissance. Naître, c'est sortir de sa mère pour exister face à elle ; connaître, c'est s'échapper de l'univers pour s'adresser à lui. L'éducation a pour but de permettre cet exploit ; elle ne peut donc faire autrement que de former des scientifiques. Dire d'un être humain qu'il est un scientifique est pur pléonasme.

Hélas, cette affirmation est à l'opposé de ce qu'admet la culture aujourd'hui dominante, celle de la société occidentale. Ayant adopté comme moteur de son activité la compétition généralisée, entre individus, entre entreprises, entre nations, ayant choisi comme critère de réussite le profit, elle diffuse à propos de la science deux idées fausses, l'une sur sa finalité (le bonheur de comprendre est remplacé par le plaisir d'être efficace), l'autre sur sa pratique (la participation à une œuvre collective de l'ensemble humain est oubliée au profit d'une lutte individuelle, souvent désespérée, pour y trouver une place et la conserver).

Il est vrai que la compréhension entraîne parfois l'efficacité, qu'elle peut être la clé du succès pour ceux qui veulent agir. Il est vrai par exemple que, sans la célèbre formule d'Einstein reliant la masse à l'énergie, nous serions incapables de faire éclater des bombes nucléaires ou de produire de l'électricité à partir de l'uranium. Mais cela est loin d'être le cas général.

La plupart des novations conceptuelles n'ont eu, au moins dans un premier temps, aucune application pratique. La découverte par Galilée au XVIIe de la proportionnalité entre la force et l'accélération (et non, comme on le croyait depuis les Grecs, entre la force et la vitesse) a fait renoncer à une erreur de vingt siècles, mais n'a rien changé dans l'immédiat à la vie des hommes, pas plus que l'hypothèse proposée par Darwin au XIXe siècle d'une origine commune de tous les êtres vivants ou que la découverte au XXe par l'astronome Hubble de l'expansion de l'Univers. Ces renouvellements conceptuels transforment fondamentalement notre regard sur le monde et sur nous-mêmes, ils orientent donc notre réflexion dans des directions inédites et ont parfois, à la longue, des conséquences concrètes indirectes ; mais les chercheurs qui les ont proposés n'avaient pour objectif que d'améliorer notre lucidité, non d'accroître une quelconque efficacité.

La dérive économiste actuelle de l'Occident nous fait oublier ces évidences ; elle met l'accent sur l'aspect rentable des découvertes et ramène le merveilleux accomplissement qu'est la compréhension de la réalité à la simple satisfaction de produire des outils permettant de la transformer. Cette satisfaction est certes légitime, mais elle ne doit pas restreindre la vigilance face aux conséquences éventuellement néfastes de cette efficacité. Plongée dans cet environnement qui propose comme maître mot la rentabilité, la recherche scientifique accepte progressivement de se mettre au service du profit. Le comportement du chercheur tend à devenir semblable à celui d'une prostituée ; elle loue ses charmes pour le plaisir d'un client dont elle ne connaît que l'obsession du désir ; il loue son intelligence, son savoir, son imagination au profit d'un employeur dont il ne connaît que l'obsession de la rentabilité.

Cet avilissement de la science a des répercussions sur l'ensemble du système éducatif. Celui-ci n'est plus le lieu où chacun s'ouvre au monde et apprend joyeusement l'art de la rencontre, il devient un champ clos d'où seuls sortent indemnes ceux qui auront su l'emporter sur les autres. Il ne s'agit plus de se satisfaire de la joie de comprendre, mais d'être obsédé par le désir de comprendre plus rapidement que les autres. L'introduction du critère « vitesse » dans une activité aussi subtile que la construction de l'intelligence fait participer la science à un mécanisme d'exclusion.

En France, de plus en plus tôt à mesure que se succèdent les réformes de l'enseignement, les enfants sont classés, catalogués, définitivement orientés selon qu'ils sont considérés comme des « scientifiques », des « littéraires » ou des « manuels ». Ce catalogage pourrait n'être qu'insignifiant si ces mots à la connotation plutôt aimable ne cachaient des jugements définitifs et parfois lourds de catastrophes personnelles. Si l'on s'efforce d'échapper à l'hypocrisie du langage, il faut constater que le terme « manuel » est synonyme de « capable d'utiliser ses mains mais pas sa tête », « littéraire » de « bon pour le baratin mais pas pour la rigueur », « scientifique » enfin signifie « peut avoir l'espoir de traverser sans trop de dommages les classes de prépa et peut-être même d'intégrer une grande école ». Seule la troisième catégorie est véritablement admise à participer au grand jeu de la connaissance.

De tels jugements sont aberrants et destructeurs. Les dénoncer est nécessaire non seulement pour lutter contre des injustices et réinsérer des exclus, mais pour améliorer le « vivre ensemble » dont nous constatons, à mesure que les moyens de communication se multiplient, qu'il pose des problèmes toujours plus difficiles.

Tous les jeunes sont victimes de ce système : d'abord ceux qui se sont laissé persuader qu'ils n'avaient pas reçu de la nature les moyens d'accéder à ce jeu, alors qu'il est ouvert à tous ; mais tout autant ceux qui ont pu se faufiler par les portes successives, toujours plus étroites, de la sélection, et qui ont oublié chemin faisant la finalité de l'effort nécessaire. Il devrait s'agir de s'enivrer avec bonheur de la compréhension du monde ; il ne reste plus que la lutte desséchante tendue vers la réussite aux concours. Les enseignants eux-mêmes participent à ce dévoiement en privilégiant le savoir qui s'accumule et non la réflexion qui se cherche. Au lieu de mettre leur énergie au service de cette réflexion, ils se contentent d'être des juges attribuant des notes.

Science et démocratie

C'est finalement la démocratie qui est en jeu. En faisant accepter par la majorité des adolescents la certitude qu'ils ne sont « pas faits pour comprendre », qu'ils n'appartiennent pas à la petite cohorte des quelques cerveaux privilégiés ayant seuls accès à la compréhension de la réalité, en suggérant que leur intérêt personnel comme l'intérêt collectif nécessitent qu'ils se résignent à obéir aveuglément, on met en place une société fondée sur la soumission de la multitude. *Panem* est désormais, du moins dans les pays développés, fourni à tous, même aux plus démunis, *circenses* (les jeux), grâce à la télévision, sont disponibles à la maison ; tout est prêt pour réaliser et perpétuer une communauté humaine dont les besoins biologiques seront satisfaits et qui ne se posera plus de questions.

Pourtant, elle est composée de primates, certes nus et maladroits, mais qui ont chacun la capacité de se frayer, dans la jungle des possibles, un cheminement autonome, de défricher une piste encore inexplorée ; ils sont disponibles pour des aventures inouïes ; est-il acceptable de les laisser s'endormir dans le confort des besoins élémentaires satisfaits ? On peut rêver mieux pour les humains.

Pour préciser ce rêve et lui donner prise sur le

réel, la lucidité apportée par la science peut être le levier décisif. Car ce qui est révolutionnaire n'est pas seulement, comme le disait Gramsci, la vérité, c'est la lucidité, et celle-ci ne peut être partagée qu'en diffusant les fragments de compréhension péniblement obtenus par l'effort des chercheurs.

Cette diffusion doit s'étendre à tous sans exception. C'est la responsabilité du système éducatif d'apporter à chacun, oui, vraiment à chacun, quelles que soient ses possibilités intellectuelles apparentes, les moyens permettant d'être un peu moins myope face au réel. Refuser à un seul humain l'accès à un regard aussi clair que possible, c'est faire courir un danger à toute l'humanité.

Ces moyens sont souvent confondus avec le « savoir ». Il est vrai que la description la plus exacte disponible des observations réalisées, des explications proposées, des données recueillies, permet de remplacer le chaos des sensations par une vision structurée, sinon ordonnée. Un minimum de savoir est une nécessité pour commencer à distinguer des formes dans le brouillard de ce que nous apportent nos sensations. Mais ce savoir ne participe à l'édification d'une intelligence que par les questions dont il est l'origine. Se contenter de l'accumuler n'a pas plus d'intérêt que d'acheter une encyclopédie que l'on range dans la bibliothèque sans même la feuilleter.

Pour que les questions posées soient pertinentes, il faut disposer des moyens de mettre en relation les divers éléments de ce savoir. C'est le rôle des divers outils fournis notamment par les mathématiques. Quelques exemples seront évoqués ici, notamment le cas d'un domaine qui n'apparaît guère attirant, les logarithmes. Connaître leur définition, les utiliser pour effectuer plus rapidement certains calculs, c'est engranger un savoir éventuellement utile ; mais comprendre comment transformer, grâce aux logarithmes, une échelle de mesure allant de zéro à l'infini en une échelle allant de moins l'infini à plus l'infini, c'est entrer dans le jeu de l'équivalence entre concepts, c'est manipuler un outil permettant de mieux formuler certains problèmes, par exemple lorsqu'il s'agit de s'interroger sur les origines, origine du cosmos ou origine de notre propre personne.

L'important est de se rendre capable de bien poser les questions, et pour cela d'avoir pris la peine de définir les concepts, ce qui n'est pas toujours facile. « Sous les pavés la plage », disaient les étudiants du Quartier latin en mai 1968, « Sous les mots les concepts », devrait-on rappeler aujourd'hui, et constater qu'il est souvent plus facile, en enlevant un pavé, de trouver du sable venu d'une lointaine plage, que de retrouver, en analysant un mot, l'idée qui a conduit à le forger.

Telle est l'ambition dont ce livre est le reflet : éveiller chez le lecteur l'exigence de la compréhension. Ici, un souvenir qui ne me quitte pas. J'ai passé l'an dernier un après-midi dans un collège de la banlieue nord, dite « défavorisée », de Paris.

À dix reprises, les élèves m'ont rappelé qu'ils étaient des banlieusards et que, n'est-ce pas, un banlieusard ne peut pas être aussi intelligent qu'un Parisien. Ils avaient accepté comme des évidences toutes les théories sur l'infériorité intellectuelle supposée de certains groupes ou même de certaines « races » ; relégués dans leur banlieue, originaires pour la plupart de pays lointains, ils savaient qu'« ils n'étaient pas faits pour les sciences, qu'ils ne comprendraient jamais les maths ».

Si cette acceptation correspondait à une quelconque réalité, j'en serais triste, mais j'admettrais cette inégalité naturelle ; or, s'il y a bien inégalité dans les performances intellectuelles des jeunes de quinze ans, la nature, sauf cas pathologique, n'y est pour rien. À ces banlieusards, j'en ai apporté la preuve avec leur propre cas ; nous avons fait des maths, ou plutôt nous avons joué aux maths ensemble, et ils ont été passionnés par les divers « infinis » de Cantor ; nous avons fait un détour par le théorème de Gödel, et l'attention ne s'est pas relâchée. Je pense qu'ils m'ont cru lorsque je leur ai affirmé qu'ils étaient capables de comprendre tout ce que le « polytechnicien moyen », classiquement présenté comme le meilleur exemple de réussite du système éducatif, est capable de comprendre.

Ce livre ne prétend pas indiquer comment faire l'ascension de cet Himalaya qu'est la science. Il aura atteint son but s'il a prouvé à chacun qu'il est capable d'explorer certaines voies menant à quelques « camps de base » ; de là, la progression pourra se poursuivre, peut-être sans autres limites que les chemins déjà balisés, peut-être plus loin encore. Pour aider à cette métamorphose en un « scientifique » de celui qui se croyait un « non-scientifique », j'ai tenté de clarifier ici quelques concepts et mis l'accent sur le danger de certains outils au maniement souvent mal enseigné.

Il ne s'agit pas de nier les difficultés, de minimiser l'effort nécessaire pour parvenir à une véritable compréhension, mais de considérer les obstacles rencontrés comme les ferments de cette compréhension.

> *Celui qui ne comprend pas,*
> *et qui le dit,*
> *est celui qui fait le plus évidemment preuve d'intelligence,*
> *car il a compris qu'il n'a pas compris*
> *et c'est ce qui est le plus difficile à comprendre.*
> *Remercions-le, car il fait un cadeau à tous ceux qui, autour de lui, croyaient, à tort, avoir compris.*

Cette phrase à la Raymond Devos pourrait être répétée comme une comptine à l'école en introduction de tous leurs cours par les professeurs de sciences.

QUELQUES CONCEPTS

Nos yeux savent percevoir les photons envoyés par le Soleil. Mais seul notre cerveau est capable d'interpréter les informations dont ils sont porteurs et d'imaginer l'objet qui les a émis. Ce que nous savons de l'univers qui nous entoure nous a été apporté par nos sens, mais ces données ne constituent qu'un magma informe de sensations incohérentes. Notre organisme constate que ceci est rouge, que cela est froid, que ceci est dur, que cela est acide... Cette avalanche d'informations ne prend de sens qu'au prix d'un exercice intellectuel remplaçant ces données immédiates par des constructions théoriques, des « modèles » fruits de notre imagination.

Pour le philosophe adepte du solipsisme, la seule réalité dont l'existence est certaine est le sujet pensant lui-même, y compris les sensations qu'il ressent. Regardant dans telle direction, je reçois de la lumière et de la chaleur ; ces sensations sont un constat. Mais déclarer que cette lumière et cette chaleur viennent d'un objet lointain désigné par le mot « soleil », c'est déjà un exercice mental. À mesure que des informations me parviennent concernant cet objet imaginé, je peux affiner ma description et construire l'équivalent d'une maquette, d'un « modèle réduit », comme disent les aéromodélistes. Les éléments de cette construction sont des concepts peu à peu précisés permettant de définir des mesures. Cet exercice se poursuit sans fin en ajoutant de nouvelles caractéristiques parfois mesurées au prix de méthodes étrangement compliquées.

La règle du jeu de la science est de constamment confronter les conclusions que l'on peut tirer de ce modèle et les informations que nous pouvons recueillir à propos de l'objet concerné. Lorsque cette confrontation ne décèle aucune incohérence, il est raisonnable d'admettre que cet objet est bien réel et que le modèle construit pour le représenter en donne une image certes imparfaite, mais plausible.

Finalement, avoir une attitude scientifique, c'est remplacer des sensations par des concepts, et exprimer ces concepts par des mots.

La plupart des difficultés rencontrées par ceux qu'effarouche cette activité résultent d'une insuffisante compréhension des mots utilisés. Ils n'y sont guère aidés par les scientifiques eux-mêmes, qui ne prennent pas suffisamment la peine de préciser le sens qu'ils leur attribuent. Certains d'entre eux, qui manifestent la plus grande exigence pour la propreté de leur laboratoire, utilisent sans précaution des mots éculés d'avoir été prononcés par mille bouches, d'avoir été utilisés à propos de mille idées, et surtout dont le sens a parfois été bouleversé par les avancées de la science. Qu'entendent aujourd'hui les scientifiques lorsqu'ils parlent de l'Univers, du temps, de la vie, du hasard ?

Les premiers pas de la marche d'approche permettant d'atteindre les camps de base d'où faire l'ascension de la connaissance consistent à faire un travail de redéfinition de ces mots. Essayons cet exercice pour quelques-uns, parmi les plus fondamentaux.

L'UNIVERS

De l'univers du discours...

L'ambition nécessairement limitée de toute discipline scientifique l'oblige à définir dès le départ « l'univers » de son discours en précisant le domaine qu'elle s'efforce d'explorer et les méthodes qu'elle utilisera pour progresser : de quoi va-t-il être question ? dans quel cadre les concepts utilisés dans les raisonnements sont-ils valables ? quelles sont les définitions des paramètres introduits ? par quels procédés d'observation ces paramètres sont-ils objets de mesure ? comment les résultats théoriques obtenus sont-ils confrontés aux données fournies par le monde réel ? Ces précautions sont nécessaires pour que la réflexion scientifique nous permette de mieux discerner la réalité, de la décrire avec plus de précision, et peut-être un jour d'être capables de la modifier. Les oublier risque d'engager les raisonnements dans une impasse et de rendre impossibles les progrès de la compréhension et de l'action.

L'exemple historique déjà évoqué, qui met le

plus clairement en évidence cette nécessité, est la mésaventure survenue à la discipline qu'est la dynamique, c'est-à-dire l'étude du mouvement des objets pesants. Partant du constat que l'état de repos de tels objets est l'immobilité et qu'une force est nécessaire pour qu'ils se mettent en mouvement, Aristote avait affirmé que la vitesse acquise par un objet est proportionnelle à la force appliquée sur lui. Les grosses pierres, soumises à une force plus grande que les petites pierres, tombent donc plus vite. Pendant vingt siècles, faute d'un cadre conceptuel correct et surtout faute d'une vérification expérimentale, cette erreur a été transmise comme une vérité de génération en génération. Il a fallu l'audace intellectuelle et l'ingéniosité pratique de Galilée pour démontrer, grâce à des boules plus ou moins lourdes roulant sur des plans inclinés, que c'est non pas la vitesse, mais l'accélération qui est proportionnelle à la force. Le résultat est que, lourdes ou légères, les pierres tombent toutes à la même vitesse (la légende raconte qu'il en a donné la preuve en lançant des pierres du haut de la tour penchée de Pise). Cette révolution conceptuelle était nécessaire pour ouvrir la voie à Newton et à la compréhension de la gravitation universelle ; et cette révolution elle-même ne pouvait résulter que de la rigueur introduite dans les prémisses de la dynamique.

Cependant, le point de vue volontairement limité de chaque discipline, s'il permet de progresser avec lucidité dans le domaine ainsi défini, ne répond pas au besoin d'une connaissance globale, étendue à la totalité du monde dans lequel nous évoluons. Depuis l'enfance, nous sommes en proie à des interrogations sans cesse renouvelées ; nous sentons que les réponses conditionnent notre destin ; avancer en suivant le sentier balisé d'une science bien définie donne certes des satisfactions, car peu à peu des pans nouveaux de la réalité sont enfin découverts ; mais ces pas, malgré leur succession, apparaissent vite comme insuffisants, sinon comme dérisoires. Presque tout connaître dans un domaine étroit semble bien vain à celui qui est assoiffé de la compréhension du Tout dont il fait partie. Comprendre un peu est « mieux que rien », mais se contenter de ce « mieux que rien » est signe d'une démission face à notre fringale de savoir. Il suffit de contempler quelques instants les étoiles pour le ressentir ; les interrogations qui jaillissent alors en nous ne sont pas d'une nature telle que les équations de la dynamique puissent apporter des réponses satisfaisantes. Peu importent les mouvements des planètes, des étoiles ou des galaxies ; nous sommes fascinés par l'Univers.

... à l'Univers

Ici s'introduit une majuscule. Elle signifie que la réflexion a changé d'objet. Ne nous laissons pas tromper par l'identité des mots : univers et Univers sont aussi dissemblables que dieu et Dieu. L'un et l'autre ne peuvent être pensés de la même façon. Plus exactement, l'un, « univers » ou « dieu », peut être pensé et être objet de discours, il suffit de se mettre d'accord sur des définitions ; l'autre, « Univers », « Dieu », ne peut pas être pensé, car le concept caché derrière le mot échappe à toute définition.

Lorsque le pharaon Akhénaton imposa, quatorze siècles avant Jésus-Christ, le monothéisme à son peuple et aux prêtres égyptiens, il ne réduisit pas seulement le nombre des dieux de quelques dizaines ou quelques centaines à un seul ; il provoqua une bifurcation décisive de la pensée, un changement radical de ce qui est évoqué par le mot Dieu. De même, lorsque les chercheurs passent des univers délimités de leurs discours scientifiques à l'interrogation sur l'Univers vu comme une réalité globale, ils entrent dans une problématique fondamentalement autre.

Un exemple de cette difficulté est fourni par le très remarquable article « Univers » du *Trésor des sciences* paru récemment[1]. Le rédacteur commence par rappeler que « l'Univers est l'ensemble de ce qui existe » et évoque ensuite le « point de vue de Dieu », c'est-à-dire de Celui qui observe l'Univers de l'extérieur. La conséquence logique de ces deux phrases serait que, par définition, « Dieu n'existe pas » ; conclusion hâtive et purement verbale qui n'est certes pas celle voulue par l'auteur.

De même, dans un récent ouvrage[2], un des astrophysiciens qui ont découvert les premières « rides de l'espace-temps » dans le rayonnement fossile révélateur de l'état de notre monde trois cent mille ans après le big bang présente l'Univers comme un « fragment » d'une réalité plus large ; ce fragment ne serait que l'un des multiples mondes apparus, générés par autant de big bangs, et définitivement inaccessibles. Comment un univers qui n'est qu'un fragment mériterait-il la majuscule qui le fait considérer comme un Tout !

Ces ambiguïtés sont du même ordre que celles rencontrées par les mathématiciens avec la « théorie des ensembles » lorsque, évoquant des ensembles de plus en plus larges englobant d'autres ensembles, ils ont introduit le concept d'« ensemble de tous les ensembles », celui qui englobe tout, qui a donc pour éléments tous les autres et lui-même.

Les caractères imprimés sur cette page forment un ensemble ; de même ceux des autres pages ; toutes ces pages sont les éléments d'un ensemble plus large, le livre, qui est donc un ensemble d'ensembles ; lui-même est un élément de la bibliothèque, qui est un élément de l'ensemble des bibliothèques du pays, qui... On peut ainsi, semble-t-il, définir des ensembles de plus en plus riches et parvenir finalement à « l'ensemble de tous les ensembles ». Or, cet ensemble ultime ne peut exister. Bertrand Russel l'a montré en faisant simplement la remarque suivante : chaque bibliothèque universitaire dispose d'un catalogue des ouvrages qu'elle possède ; ce catalogue est lui-même un volume présent dans la bibliothèque ; on peut décider de faire figurer ou non cet ouvrage dans le catalogue ; il existe donc deux espèces de catalogues, ceux qui se contiennent eux-mêmes et ceux qui ne se contiennent pas. Cela semble clair, jusqu'à ce que soit posée la question : à quelle catégorie appartient le « catalogue des catalogues qui ne se contiennent pas » ? L'hypothèse qu'il se contient a pour conséquence que, par définition, il ne se contient pas, et réciproquement !

La conclusion obligatoire, bien au-delà des bibliothèques et des catalogues, est que l'« ensemble de tous les ensembles » est une expression qui ne peut être utilisée sans déboucher sur des contradictions. Il s'agit pourtant d'un domaine, les mathématiques, qui est une pure création humaine, où nous avons l'impression d'être maîtres dans notre maison. Le risque est plus grand encore lorsque nous nous interrogeons à propos du concept d'un Univers qui engloberait la totalité du réel. Il nous faut abandonner définitivement l'espoir d'une définition, car le « tout » ne peut être décrit au moyen des mots qui décrivent ses parties.

Et pourtant le besoin est puissant, il est légitime, de comprendre où je suis, de quoi je fais partie, comment j'ai été produit. Ce n'est pas parce qu'une fontaine est inaccessible, parce que son existence même est douteuse, qu'il nous faut nous priver du plaisir de tendre vers elle. D'autant que, chacun peut le constater, le plaisir de nous approcher de la Réalité (oui, pourquoi pas, avec une majuscule) est l'un des plus merveilleux ; c'est l'un des cadeaux de la science que de l'enrichir sans cesse. Or, elle vient, en moins d'un siècle, de fabuleusement progresser.

L'Univers que regardaient nos ancêtres était bien pauvre à côté de celui que nous contemplons aujourd'hui. Que ce soit dans le temps ou dans l'espace, des perspectives vertigineuses viennent d'être dévoilées.

Des limites de la durée...

Pour les cultures judéo-chrétiennes, la durée offerte au cosmos dont nous faisons partie était chichement comptée. L'interprétation largement acceptée de la Bible limitait à moins de dix mille ans le temps qui devait s'écouler entre la « création » et la « fin du monde » (exactement sept mille années, pour ceux qui aimaient la précision et ne craignaient pas d'interpréter les textes). Les limites temporelles de l'Univers étaient donc dramatiquement étroites. Quelques centaines de générations seulement séparaient Adam et Ève du Jugement dernier. On comprend que, pour l'auteur de l'Ecclésiaste, rien de véritablement nouveau ne puisse apparaître « sous le soleil » ; tout est définitivement figé ; l'Univers est dans l'état où il a été créé. Il a fallu attendre le XVIIIe siècle pour que certains esprits audacieux osent repousser ces murailles oppressantes du temps. Les premières estimations fondées sur l'observation du réel et non sur l'interprétation des Écritures nous semblent encore bien timides : Buffon proposait soixante-dix mille ans pour l'âge de la Terre. Aujourd'hui, le point de départ de l'Univers (le célèbre big bang) est reporté à plus de dix ou quinze milliards d'années, celui de la Terre à quatre milliards et demi d'années ; quant au point d'arrivée, il est situé par les astrophysiciens dans un futur éloigné de cinq milliards d'années pour le système solaire et de plusieurs dizaines de milliards d'années, ou même reporté à l'infini, pour le cosmos.

Tous ces nombres sont beaucoup trop grands pour parler à notre imagination. Le constat essentiel pour nous est que l'aventure humaine, qui s'étendait, dans l'imaginaire de nos ancêtres (et encore aujourd'hui dans l'imaginaire de beaucoup de nos contemporains), sur la même durée que l'aventure du cosmos, n'en occupe plus qu'une fraction dérisoire. Les quelques centaines de milliers d'années écoulées depuis la domestication du feu par l'homme sont, rapportées à la durée de notre planète, l'équivalent de quelques secondes rapportées à une journée. La Terre s'est longuement passée de nous ; la quasi-totalité de son histoire à venir se déroulera à nouveau sans nous, lorsque notre espèce, comme cela est arrivé à tant d'autres, aura disparu. Si tout va bien et si nous ne précipitons pas l'échéance par notre aveuglement devant les conséquences de nos actes, par exemple en déclenchant un cataclysme nucléaire, cette fin se produira sans doute dans quelques centaines de millions d'années, durée ordinaire de la vie d'une espèce, bien avant la fin du système solaire.

... aux limites de l'espace

Les limites de l'espace viennent, autant que celles du temps, d'être reportées au loin. La Terre était vue depuis toujours comme le support de la voûte céleste ; celle-ci était une demi-sphère en cristal sur laquelle étaient fixées les étoiles. Le domaine des hommes avait la dimension du cosmos.

Ce domaine n'est plus aujourd'hui qu'une planète banale, gravitant autour d'une étoile banale, située aux confins d'une galaxie banale, membre d'un amas de galaxies, qui lui-même... Où s'arrête cette énumération, semblable à celle des ensembles emboîtés comme des poupées russes dans des ensembles toujours plus grands ? Peut-être est-elle sans fin ; il n'y aurait pas plus de « super-amas de tous les amas » qu'il n'y a d'« ensemble de tous les ensembles ». En tout cas, notre esprit est incapable d'en imaginer l'aboutissement ; il lui faudrait parvenir à décrire la majestueuse poupée terminale qui contiendrait toutes les autres. Comme tout objet, cette ultime poupée serait entourée de ce qui n'est pas elle, or, par définition, tout serait en elle.

Le vertige devant ces infinis qui effrayaient Pascal s'est doublé d'un vertige aussi troublant devant des infinis plus mystérieux encore : les infiniment petits. Les atomes étaient ainsi désignés car ils étaient supposés insécables ; ils ne le sont nullement et ont pu être analysés en noyaux et électrons, puis les noyaux en protons et neutrons, ces protons et neutrons en quarks *u* et quarks *d*. Au début des années 80, la recherche des constituants élémentaires de la matière s'arrêtait à ce niveau ; mais une théorie nouvelle, celle des super-cordes, propose d'expliquer les propriétés de toutes les particules observées par les multiples modalités de vibration d'un élément unique ayant la forme d'une minuscule ficelle. Est-ce le terme de l'analyse ? Sans doute pas, car certains chercheurs ont récemment proposé de considérer les cordes comme des ensembles de disques[3].

L'impossibilité de penser l'ensemble de tous les ensembles implique peut-être symétriquement l'impossibilité de penser l'élément ultime permettant de reconstituer tous les objets. La physique quantique nous interdit d'ailleurs d'imaginer les éventuelles particules, « élémentaires » par définition, comme des objets semblables, en beaucoup plus petits, à ceux que nous manipulons. Pour rendre compte de leur comportement, il faut les considérer non comme de minuscules grains de sable, mais comme des « paquets d'ondes », ce qui ôte son sens à la recherche de leur forme ou de leur structure et rend vaine la tentative de les imaginer.

Un Univers sans limites

Finalement, que ce soit dans le gigantesque ou dans le minuscule, dans le passé inaccessible ou dans l'avenir inexistant, la notion même de limite se révèle inadaptée. Il faut habituer notre pensée à l'inconfort de l'absence de réponse à toute question concernant les origines premières ou les aboutissements ultimes. Inconfort certes, mais aussi émerveillement face à notre capacité à nous mouvoir par la pensée dans ce domaine sans contours. Rétrospectivement, nous pouvons mesurer la tristesse de l'univers d'autrefois dont on rencontrait rapidement les bords, tels les murs d'une cour de prison. La science vient de nous en libérer, sachons goûter cet air nouveau. Aussi enchanteurs que ces découvertes sont les moyens nouveaux que nous utilisons pour les obtenir. L'époque est dépassée où des bricoleurs géniaux multipliaient l'acuité de nos sens et nous dévoilaient un réel caché, ainsi Galilée perfectionnant sa lunette au point de discerner les anneaux de Saturne ou le Hollandais Van Leeuwenhoek polissant au XVIIe siècle des lentilles capables de grossir trois cents fois et découvrant les spermatozoïdes. Il faut maintenant des équipes entières réunissant des talents multiples pour mettre en orbite le télescope Hubble ou pour provoquer des collisions de particules dans le tunnel du CERN à Genève. Mais surtout, l'interprétation des observations n'est possible que grâce à des concepts nouveaux : la possible existence des trous noirs a été démontrée grâce à des équations bien avant que leur présence réelle ait pu être mise en évidence.

L'Univers des scientifiques est de plus en plus étrange ; ne faisons pas la fine bouche devant la moisson de résultats qu'ils nous apportent. Mais constatons que l'être interrogeant que nous sommes tous commence à se douter que, dans cette voie, il sera toujours insatisfait. Bien sûr, il apprécie d'en savoir plus sur l'Univers ; mais il désire surtout comprendre ce qu'il y fait, et la réponse ne peut venir que de lui-même.

LES CONSTANTES UNIVERSELLES

Dans le chaos des événements qui se succèdent, nous constatons des répétitions, des constances. Chaque fait est unique, mais il paraît provoqué par des causes agissant toujours de la même façon, comme si le spectacle que nous offre la nature était joué par des acteurs rigoureusement disciplinés obéissant à des lois qu'ils n'osent jamais transgresser.

Le but de la science est de mettre ces lois en évidence ; il lui faut au préalable identifier les véritables acteurs. Car ceux-ci sont camouflés derrière le décor dressé par des apparences souvent trompeuses, tandis que des acteurs fictifs paraissent occuper le devant de la scène.

Le philosophe Gaston Bachelard rappelle ainsi [4] que les premières observations systématiques de phénomènes électriques ont été faites, entre autres, au XVIIIe siècle par de riches personnages qui, conformément à la mode masculine de l'époque, portaient plusieurs bas de soie ; ils constataient, lorsqu'ils les enlevaient le soir, de petites étincelles, provoquant des picotements. Mus par la curiosité scientifique qui était alors de bon ton, ils cherchèrent la cause de ces manifestations de l'électricité. Pour eux, l'acteur provoquant ces phénomènes était la soie, ce qui les conduisit à faire des expériences permettant de mettre en évidence l'influence de sa couleur sur l'intensité des étincelles ; certains ont cru constater que celles-ci étaient plus fortes lorsqu'ils portaient un bas de soie blanc sur un bas noir.

À la recherche des lois

La démarche initiale du scientifique consiste à éliminer ces faux acteurs, et à mettre le projecteur sur les causes réelles. Il constate alors, dans le cas des phénomènes électriques, que seules interviennent les charges, positives ou négatives, portées par les objets en présence. Il est nécessaire d'abord de définir ces charges ; après quoi il convient de mesurer l'intensité des interactions entre ces acteurs, c'est-à-dire de formuler les « lois » qui gouvernent leur jeu.

C'est là qu'entrent en scène les mathématiques ; elles permettent d'exprimer ces lois sous forme d'équations. Une avancée décisive dans la compréhension de l'électricité est obtenue lorsque la force de répulsion entre deux objets portant des charges de même signe (d'attraction si ces charges sont de signes opposés) est décrite comme proportionnelle au produit des charges et inversement proportionnelle au carré de leur distance.

Le succès est semblable lorsque, étudiant le

mouvement des objets pesants, deux phénomènes aussi différents que la chute d'une pomme ou le mouvement d'une planète peuvent être décrits à partir de la même égalité exprimant la « loi de la gravitation » de Newton :

$F = Gmm'/d^2$

où F est la force d'attraction qui se manifeste lorsque deux objets de masses *m* et *m'* sont à la distance *d* l'un de l'autre. Au prix de quelques développements algébriques, on peut déduire de cette formule aussi bien la durée de la chute de la pomme, connaissant la hauteur du point de départ, que la durée d'une révolution de la planète connaissant sa distance au Soleil. Que la force d'attraction soit indépendante de la nature des objets en interaction, que les calculs soient identiques quel que soit l'ordre de grandeur des masses en cause, prouve que l'on accède par cette formule à une caractéristique essentielle du cosmos. La victoire de l'intelligence sur l'opacité et la diversité des faits est alors magnifique.

Il reste cependant un mystère ; il est manifesté par la présence dans cette formule de la lettre G. Elle est nécessaire pour que les grandeurs figurant dans les deux termes de l'équation, à gauche une force, à droite un ensemble constitué de deux masses et une longueur, représentent des réalités ayant la même définition. Mais, au-delà de cette nécessité logique, l'étonnant est que ce terme G, défini comme la « constante de la gravitation », semble effectivement constant. Sa valeur est la même partout et toujours, elle ne change pas lorsque l'on passe d'un lieu à un autre ou lorsque le temps s'écoule ; cette valeur définit un trait fondamental de notre Univers, un des piliers sur lesquels il semble s'être édifié.

Il y en a d'autres. Le plus connu est la vitesse de la lumière (ou plus généralement de toute onde électromagnétique) dans le vide. Quel que soit le mouvement d'un observateur par rapport à la source de cette lumière, sa vitesse, classiquement désignée par la lettre *c*, est toujours la même, 300 000 km/s. Cette constance, en totale opposition avec les prédictions de la physique classique, a été à l'origine des réflexions d'Einstein qui ont débouché sur la théorie de la relativité.

De même, l'analyse du rayonnement d'un corps que l'on porte à une température élevée entraîne la nécessité d'admettre qu'il émet de l'énergie non pas de façon continue mais par « paquets » ; chacun de ces paquets transporte une énergie égale au produit $h\upsilon$, où υ est la fréquence du rayonnement et h une constante dite « constante de Planck », qui est la même quelle que soit la nature du corps chauffé. Cette description d'une réalité discontinue est le point de départ de la physique quantique qui a remis en question toute notre représentation du monde à l'échelle des particules élémentaires.

G, *c* et *h* sont considérées comme des constantes universelles ; tous les raisonnements à propos du cosmos, de son état actuel comme de son évolution, sont menés en admettant qu'elles ont la même valeur partout et qu'elles l'ont toujours eue depuis l'origine. En fait, il s'agit là d'une règle du jeu ; rien ne prouve que dans une lointaine galaxie, ou dans notre propre galaxie il y a quelques milliards d'années, l'intensité de la gravitation ou la vitesse de la lumière ne soient pas, ou n'aient pas été, plus élevées ou moins élevées qu'ici aujourd'hui. Tout ce que nous pouvons affirmer est que l'hypothèse de leur constance est compatible avec toutes nos observations.

Les constantes et nous

Puisque les événements dont nous observons le déroulement dans le cosmos s'expliquent si bien en faisant cette hypothèse, il est tentant de chercher ce qu'il serait devenu dans le cas où, dès l'origine, ces constantes auraient été autres. Car, apparemment, elles sont arbitraires ; pourquoi n'ont-elles pas une autre valeur ? Nous pouvons, face à cette question, nous amuser au *« Jeu du créateur »* en imaginant un monde où toutes les interactions seraient exprimées par des formules identiques à celles que nous avons peu à peu mises au point en fonction de nos observations (où par conséquent les « lois » seraient les mêmes), mais où leurs intensités exprimées par des constantes telles que G, c ou h seraient différentes.

Les lecteurs que ce jeu intéresse auront grand bonheur à lire *M. Tomkins*[5], livre du physicien George Gamow, un des auteurs de la théorie du big bang. Il s'amuse à décrire les mésaventures de son héros dans une ville où la vitesse de la lumière n'est que de 100 km/heure, soit dix millions de fois plus petite que *c*. Les effets prévus par la relativité y sont si considérables que le vélo d'un cycliste et le cycliste lui-même rétrécissent dès les premiers coups de pédale, et que le grand-père d'une vieille dame peut être plus jeune qu'elle : il suffit qu'elle soit restée dans la ville depuis son enfance et que lui ait voyagé durant toute sa vie.

Tout aussi ahurissantes sont les conséquences d'une augmentation de la constante *h*. L'« effet tunnel », qui permet à une particule de traverser parfois une barrière de potentiel théoriquement infranchissable, devient banal dans un monde où *h* est des milliards de milliards de fois supérieur à ce qu'il est « chez nous » ; Gamow imagine un tel univers où une voiture peut sortir de son garage en traversant les murs.

Ces spéculations ne sont qu'un exercice pittoresque à propos des cosmos possibles, mais elles débouchent sur des réflexions concernant notre propre sort. Si les constantes avaient eu une autre valeur, l'espèce humaine aurait-elle pu être produite par le déroulement des processus naturels ? La réponse semble être négative dès que ces constantes s'écartent significativement des valeurs que la nature a choisies.

Si, par exemple, l'intensité de la gravitation qui fait s'attirer les objets dotés d'une masse avait été plus faible, la formation des étoiles et des galaxies aurait été plus lente, ou même impossible ; si elle avait été plus forte, ces étoiles et ces galaxies se seraient toutes rassemblées et auraient peut-être fini par former un trou noir engloutissant tous les objets. Dans l'un comme dans l'autre cas, nous ne serions pas là pour nous interroger à ce propos.

Tout s'est donc passé comme si l'Univers avait été mis en place de façon à nous faire apparaître ! Cette constatation est présentée parfois sous la désignation de « principe anthropique ». Cependant, si nous voulons respecter la règle du jeu scientifique consistant à ne pas expliquer un événement présent en recourant à un événement à venir, c'est-à-dire si nous refusons toute explication finaliste, nous nous contentons de constater que l'Univers a pu nous produire, puisque nous sommes là. M. de La Palice en aurait dit autant.

Souvent sont exhibés des calculs montrant que la probabilité pour que le déroulement des processus naturels aboutisse à l'apparition de notre espèce était extrêmement faible ; certains y voient la preuve qu'une volonté extérieure est intervenue. Mais ce raisonnement n'a guère de sens, car tout événement a une probabilité aussi petite que l'on veut ; il suffit de le décrire avec une grande précision (voir l'encadré p. 52-53). L'événement « apparition de l'humanité » s'est réalisé sur notre planète, ce n'est pas un miracle, c'est un fait. Rien n'empêche donc de penser qu'il a pu se réaliser ailleurs. Même en admettant qu'il a fallu un grand nombre de coïncidences, une multitude de bifurcations favorables, pour que cet aboutissement soit atteint, notre existence prouve que la probabilité de notre surgissement, même si elle était faible, n'était pas nulle. Comme ce cheminement aléatoire a été répété de nombreuses fois, il ne serait pas étonnant qu'il ait fait sortir ailleurs le numéro gagnant et réalisé plus d'une fois des êtres dotés autant que nous (ou plus) d'intelligence et de conscience.

Compte tenu de la durée de transmission des informations avec les autres galaxies (pour la plus proche, la galaxie d'Andromède, cette durée est de deux millions d'années, et aucun progrès technique ne peut espérer la réduire), l'interrogation sur la présence ailleurs d'un éventuel interlocuteur ne peut guère avoir de réponse. Par contre, elle peut être raisonnablement formulée pour notre galaxie, la Voie lactée. Elle comprend de l'ordre de cent milliards (10^{11}) d'étoiles. Il est donc judicieux de rechercher des signes manifestant la présence autour d'une autre étoile d'êtres sans doute fort différents de nous mais avec lesquels la communication serait possible. Les recherches sont activement menées, mais jusqu'à présent aucun signal pouvant avoir un sens quelconque n'a été reçu ; aucune trace d'un passage antérieur d'êtres désireux de signaler leur existence n'a été trouvée. Peut-être ne sommes-nous pas seuls dans l'Univers (mais cette phrase n'a de sens que dans la mesure où cet Univers est définissable). Nous pouvons constater que nous sommes actuellement isolés, et que notre devoir premier est de gérer, compte tenu des contraintes imposées par la nature, le petit coin d'Univers sur lequel nous avons prise.

PROBABILITÉ ET RECHERCHE DES CAUSES

Lorsqu'un événement a lieu, il est souvent possible de calculer après coup, compte tenu des informations disponibles avant qu'il ne se produise, la probabilité de son occurrence. Cette probabilité dépend avant tout de la précision avec laquelle nous décrivons cet événement.

Nous sommes dix autour d'une table. Ce matin, chacun d'entre nous a choisi, en fonction des impulsions du moment, de mettre telle veste, tel pantalon, telle cravate... Un observateur connaissant le contenu de mes placards aurait pu calculer hier la probabilité du choix de la chemise que je porte aujourd'hui, disons 1/10 ; de même celle de la cravate que j'exhibe ce matin, 1/20. Or, la probabilité conjointe de deux événements indépendants (voir le chapitre « Le raisonnement probabiliste ») est égale au produit de leurs deux probabilités, soit ici 1/200 pour le choix simultané de la chemise et de la cravate. Si j'ajoute à ma description les chaussures, les chaussettes, le manteau..., j'obtiens, pour seulement cinq ou six éléments, une probabilité de l'ordre de 1 sur 1 million, $1/10^6$. Il en est de même pour chaque membre de notre groupe, dans la mesure où ils ont un placard semblable au mien. La probabilité que nous soyons habillés comme nous le sommes aurait pu être calculée hier par notre observateur.

Il aurait trouvé un nombre de l'ordre de $(1/10^6)^{10}$, soit 1 sur 10^{60}, infiniment plus faible que la probabilité de toucher le gros lot trois ou quatre fois de suite à la loterie. Il aurait pu en conclure que cet événement était quasi impossible.

Or, il s'est produit. Devons-nous en conclure qu'il s'agit d'un miracle ?

Évidemment non. Calculer la probabilité d'un événement n'a aucun sens une fois que l'on sait qu'il s'est produit. L'apparition de la « vie », celle des dinosaures, celle des hommes, a résulté d'un grand nombre de bifurcations dans le cours des processus se déroulant sur notre planète ; chacune de ces bifurcations s'est produite alors que de nombreuses autres étaient possibles ; chacune avait une probabilité faible, mais il fallait bien qu'un de ces possibles se produise.

Raymond Queneau a beaucoup contribué à faire comprendre la capacité des processus combinatoires à générer des événements improbables en publiant *Cent Mille Milliards de poèmes*[6] ; ce livre comporte dix sonnets aux rimes identiques, et chacun des cent quarante vers est imprimé sur une languette découpée. En ouvrant le livre au hasard, on obtient l'un des 10^{14} poèmes possibles ; leur lecture, souligne l'auteur, nécessiterait deux cents millions d'années.

La réalité d'aujourd'hui n'est qu'un des innombrables poèmes que le cosmos pouvait proposer.

LE TEMPS

Quel que soit le sujet évoqué par une discipline scientifique, le temps est une des dimensions qui interviennent dans les descriptions, dans les raisonnements, dans les calculs. La variable *t* qui le représente apparaît dans de multiples formules. Des trésors d'intelligence et d'ingéniosité ont été consacrés à le mesurer avec une précision devenue aujourd'hui un sujet d'orgueil pour les spécialistes. Cette mesure a tout d'abord été l'affaire des astronomes, qui ont observé les mouvements des planètes et comparé les durées de leurs rotations sur elles-mêmes et de leurs révolutions autour du Soleil, puis les mécaniciens ont construit des horloges de plus en plus perfectionnées et obtenu des rythmes qui semblent rigoureusement constants ; les physiciens ont récemment pris le relais grâce à la régularité des pulsations manifestée par certains atomes. Autrefois, l'heure était définie comme la vingt-quatrième partie de la durée du jour et la seconde comme la trois mille six centième partie de l'heure. Depuis 1967, cette définition a changé, la seconde est la durée totale de 9 192 631 770 périodes de l'atome de césium. Elle n'est plus obtenue par division d'une durée plus longue mais par addition d'un grand nombre de durées plus petites. Tout semble parfait, puisque l'on peut se vanter de mesurer une durée avec une précision permettant d'écrire la douzième décimale. Oui, tout est parfait, sauf lorsque le physicien doit répondre à la question pourtant bien naïve : ce que vous mesurez si bien, c'est quoi ?

Un mot, deux définitions

La difficulté de la réponse est mise en évidence en analysant deux définitions du temps qui affirment chacune le contraire de l'autre. La première est de Richard Feynman, physicien qui a reçu le prix Nobel en 1965 pour ses recherches sur la théorie quantique des champs[7] : « Le temps, c'est ce qui passe quand rien ne se passe » ; la seconde, très célèbre, est de saint Augustin, évêque de Carthage au IVe siècle : « Je ne sais pas ce qu'est le temps, mais je sais que si rien ne se passait, il n'y aurait pas de temps passé. »

On ne saurait être plus en désaccord. Pour l'un, le temps est une réalité autonome, imposant sa présence active même si rien n'existe en dehors de lui ; pour l'autre, le temps est le produit de la succession des événements. Il semble nécessaire, avant toute réflexion sur le temps, avant toute mesure, de choisir entre ces deux regards. Étrangement, malgré leur incompatibilité, ils parviennent à cohabiter sans trop de dommages dans notre esprit, y compris dans l'esprit des scientifiques. Essayons d'analyser cette ambiguïté.

Le temps, matière première des événements

La définition du physicien rejoint étonnamment les mythes grecs. Le dieu suprême, Zeus, règne sur tout ce qui se passe dans l'univers, il est le maître des événements. Mais son règne a eu un commencement, Zeus a été précédé par ses géniteurs, son père Chronos et sa mère Rhéa ; le temps se déroulait donc avant qu'il n'apparaisse. Ce temps cependant n'était guère fécond, car les seuls faits notables dans la vie du couple initial étaient les naissances des enfants de Rhéa, que Chronos s'empressait de dévorer aussitôt nés ; rien ne pouvait donc changer ; le temps était inutile ; mais « il attendait son heure ». Cette heure arriva lorsque Rhéa eut l'heureuse idée de cacher l'enfant Zeus, né pendant le sommeil de Chronos. Échappant à l'anéantissement imposé par Chronos à toute sa descendance, il put vivre et déclencher une avalanche d'événements, jouant ainsi un rôle voisin de celui que nous attribuons au big bang.

Le temps, avec cette définition, non seulement préexiste aux faits, mais surtout en est un ingrédient irremplaçable, une matière première essentielle. Il n'est pas pour autant un acteur, car il est passif. De même que la semoule est nécessaire au cuisinier qui prépare un couscous, le temps est nécessaire à la production d'un événement. Mais ce n'est pas lui qui malaxe, il ne participe pas au choix des condiments qui donneront son goût à la sauce.

Une des images qui peuvent être proposées est celle d'un décor mobile qui se déroule au fond de la scène d'un théâtre. Les machinistes le font avancer imperturbablement, sans se soucier de ce qui se passe sur le plateau. Le temps est alors vu comme un des dispositifs nécessaires au spectacle au cours duquel la nature se donne en représentation ; mais il n'appartient pas à la troupe. Même lorsqu'il n'y a ni acteurs ni public, les machinistes font consciencieusement leur travail, la toile de fond se déroule, le temps s'écoule.

Une métaphore plus classique est celle proposée par le philosophe grec Héraclite : le temps est un fleuve qui coule. Toutes ces images ont en commun d'assimiler implicitement les instants qui se suivent aux positions successives d'un point qui se déplace, toujours dans le même sens, sur une droite. Le temps acquiert ainsi le même statut que l'espace abstrait des mathématiciens. Désigner un instant précis est équivalent à indiquer l'abscisse d'un point ; mesurer la durée d'un événement est équivalent à calculer la distance entre le point figurant l'instant de son début et le point figurant l'instant de sa fin.

Sans que nous y prenions garde, cette représentation géométrique du temps a entraîné notre imagination vers une conception qui n'est qu'une simple extrapolation des caractéristiques connues de l'espace, mais qui ne résulte nullement d'une réflexion sur l'éventuelle réalité du temps. Ainsi, sur une droite, nous admettons, sans questionner cette évidence, qu'un point peut évoluer de « moins l'infini » à « plus l'infini » ; il suffit donc d'assimiler les abscisses négatives aux instants passés et les abscisses positives aux instants futurs pour admettre que le temps a toujours existé et existera toujours. Mais cette conclusion n'est que le résultat de notre paresse intellectuelle ; la présence dans la phrase précédente du mot « toujours », qui lui-même se réfère au temps, est d'ailleurs le signe d'une tautologie qui rend vain tout le discours.

Notons enfin que cette géométrisation du temps est renforcée dans notre esprit par la contemplation du mouvement des aiguilles sur les cadrans de nos horloges et de nos montres ; elles sont « analogiques » et nous font oublier la différence de nature entre le passage du temps et un trajet dans l'espace. Tout a changé avec la diffusion des cadrans digitaux.

Les événements géniteurs du temps

Apparus à la fin du XXe siècle, ces cadrans digitaux remplacent le mouvement apparemment continu des aiguilles par le changement saccadé des nombres affichés. Ils sont cohérents avec la seconde définition, celle de saint Augustin. Pour lui, la durée est le produit de la succession des événements : il faut que « quelque chose » se produise pour qu'une « chose » que l'on nomme *temps* se déroule. À la limite, il est possible d'en conclure que ce nom attribué à une chose indéfinissable est superflu ; il n'est même plus nécessaire alors d'introduire le concept de temps ; le constat d'un rapport d'antériorité-postériorité entre les faits suffit à décrire nos observations, sans recourir de façon quasi religieuse à un agent mystérieux.

Imaginons un univers très pauvre dans lequel un seul objet existerait : une horloge comtoise. Cet univers aurait certes une histoire ; le temps s'y écoulerait au rythme des tic-tac de l'horloge. Mais ce temps serait-il simplement mesuré, ou serait-il fondamentalement généré par les mouvements de pendule du balancier ? Pour éclairer la réponse, on peut envisager que, par accident, l'horloge s'arrête ou s'autodétruise (auto- car nous avons postulé qu'elle était le seul objet de notre univers) ; il paraît raisonnable d'admettre que, dans cet univers, le concept de temps perdrait alors toute pertinence ; il se serait annihilé lui-même, comme ces machines de Tinguely qui ne sont construites que pour éliminer peu à peu tous les éléments qui les constituent.

Cette conception d'un temps enfanté par la succession des événements permet d'échapper aux impasses logiques dans lesquelles ne manque pas de conduire la vision d'un temps doté d'autonomie. Ainsi la métaphore du « fleuve du temps » l'assimile à un flot coulant entre des rives qui lui sont imposées. Pour les instants passés, l'image est claire ; les rives sont faites de tous les événements qui se sont déjà produits. Mais pour les instants à venir, comment ces rives pourraient-elles être définies avant d'être atteintes par le flot ?

Car, à l'instant où je l'évoque, demain n'a aucune existence. Le fleuve imaginaire qui nous permet de le représenter devrait donc construire ses rives à mesure qu'il les atteint. La métaphore est fondamentalement inadaptée. Elle est cohérente avec la vision d'un temps qui se contente de dévoiler une réalité préétablie, non avec celle d'un temps réellement créateur.

L'avenir et la flèche du temps

Pourtant, la caractéristique essentielle du présent est d'être gros de l'avenir. En prendre conscience est sans doute la découverte la plus décisive faite par les humains. Plus qu'aucune particularité physiologique, cette invention, la découverte de demain, a eu des conséquences décisives ; elle nous a différenciés des espèces voisines et a provoqué la bifurcation de notre destinée. Cet avenir qui n'existe pas, nous savons qu'il existera, et cela bouleverse notre présent.

Nous pouvons en être orgueilleux, car cette évidence était camouflée par les apparences et nos cousins les animaux semblent l'ignorer ; pour eux, le présent, relié au passé pour ceux qui ont une mémoire, suffit à saturer la conscience d'être. Nous, humains, sommes au contraire obsédés par l'interrogation concernant demain ; obsession d'autant plus tenaillante que, nous le savons, cet avenir ne peut intervenir dans la réalité présente : la flèche causale du temps est toujours orientée dans la même direction. Certes, nous pouvons par la pensée remonter dans le passé pour reconstituer la succession des faits, mais ceux-ci se sont déroulés en respectant l'antériorité de la cause sur l'effet.

La règle du jeu que s'impose le raisonnement scientifique est d'expliquer la succession des faits en utilisant des *parce que* et en s'interdisant d'utiliser des *pour que* : la pomme tombe sur la tête de Newton endormi sous un arbre *parce qu*'elle est soumise à la pesanteur, non *pour* le réveiller et lui faire découvrir en un éclair la théorie de la gravitation universelle qui explique l'événement.

Cette direction obligatoire de la causalité est en opposition avec la représentation du temps par un point se déplaçant sur une droite. Pourquoi celui-ci serait-il soumis à un sens unique ? Dans les formules mathématiques qui décrivent un processus, le paramètre t associé au temps peut être remplacé par son opposé $-t$ sans que les équations perdent leur pertinence. Elles permettent aussi bien de reconstituer le passé que de décrire l'avenir. La toile de fond évoquée précédemment semble pouvoir se dérouler dans les deux sens. Comment rendre compte de la direction unique de la flèche du temps ?

Pour y parvenir, les physiciens exhibent un phénomène irréversible, la *croissance de l'entropie*.

Ce concept est lié à l'impossibilité de prévoir en détail le comportement de tous les éléments d'un ensemble aussi riche d'éléments que, par exemple, un gaz enfermé dans une enceinte. Ce gaz est constitué d'innombrables molécules soumises chacune à de multiples forces. L'état de cet ensemble se transforme à chaque instant du fait des mouvements individuels. Pour en décrire l'évolution, il est hors de question de tenir compte de chacune de ces molécules. Force est de recourir à la description d'une configuration d'ensemble, caractérisée par quelques paramètres globaux tels que la pression ou la température. Une même configuration correspond à un grand nombre de possibilités pour l'ensemble des situations individuelles ; plus celles-ci sont nombreuses, plus la configuration globale à laquelle elles correspondent a de chances de se produire ; autrement dit, plus sa probabilité est grande.

Imaginons que nous mettions dans notre enceinte autant de molécules d'oxygène que de molécules d'azote ; rien n'empêche que, à un instant donné, les premières se retrouvent toutes dans la partie gauche et les secondes dans la partie droite ; les deux catégories de molécules se seront alors spontanément séparées. Cette configuration est certes possible, mais il est peu probable qu'elle soit observée, car elle correspond à beaucoup moins de situations individuelles que les configurations où des molécules des deux catégories sont présentes un peu partout dans l'enceinte ; elle a donc beaucoup moins de chance de se réaliser.

Cette tendance naturelle à faire apparaître les configurations les plus probables est définie comme la *croissance de l'entropie*.

Cette croissance, qui donne une flèche au temps, n'est cependant qu'un effet de la globalité de notre regard. Si nous savons observer séparément chaque molécule, et surtout si nous sommes capables d'attendre très longtemps, nous verrons se reconstituer un jour la situation initiale, ou toute autre situation définie arbitrairement. Ce « théorème de récurrence » dû à Henri Poincaré n'a certes aucune application pratique, car la durée de l'attente risque d'être beaucoup plus longue que l'âge du cosmos ; mais il rend vaine la recherche d'une flèche du temps si nous regardons celui-ci comme autonome.

Aucun problème ne se pose par contre si nous le regardons comme produit par la succession des événements. Alors, c'est le concept de flèche qui sert de cadre à celui de temps, et non l'inverse ; c'est en effet le constat des rapports d'antériorité qui est premier, sans que ce constat implique nécessairement l'introduction d'un acteur mystérieux appelé temps ; ce terme ne désigne plus qu'un « bouche-trou » destiné à remplir les intervalles entre les événements ; il ne sert plus qu'à répondre à une question inutile : qu'y a-t-il entre les deux événements qui rythment le déroulement du temps, que ce soient les lents tic-tac d'une horloge comtoise ou les rapides vibrations d'un atome de césium ?

Le temps granulaire

De façon inattendue, cette conception peu révérencieuse du temps a été confortée par une des conséquences de la physique quantique. Celle-ci a été développée à partir du début du XXe siècle pour résoudre le paradoxe auquel conduisait l'analyse du spectre d'émission d'un « corps noir », c'est-à-dire d'un objet capable d'absorber la totalité des radiations qu'il reçoit. Elle postule qu'une « action », c'est-à-dire le produit d'une énergie par un temps, ne peut être inférieure à un seuil, désigné par la lettre *h*, que l'on a pu mesurer avec une grande précision.

L'existence de ce seuil signifie que, dans tous les domaines du monde réel, il est impossible de prolonger indéfiniment l'analyse vers le toujours plus petit ; une limite indépassable, un *quantum*, est finalement rencontrée. En tenant compte simultanément de ce quantum d'action *h*, de la constante universelle de la gravitation G et de la vitesse de la lumière *c*, dont on sait qu'elle ne peut être dépassée, on constate que la durée, elle aussi, est bornée par une limite inférieure ; calculable à partir des valeurs de ces trois « constantes », cette limite inférieure est certes très courte – 5.10^{-44} seconde –, mais elle n'est pas nulle. Le temps est donc granulaire. Couper une seconde en mille millisecondes ou en un milliard de nanosecondes ne pose pas de problème ; mais si, poursuivant vers le toujours plus court, on parvient à 10^{-43} secondes, on pourra encore couper en deux, mais il sera impossible de poursuivre la décomposition ; on aura atteint l'insécable.

La continuité apparente du temps ne résulte que d'un effet d'optique, sa réalité est discontinue. L'image la plus réaliste pour évoquer le temps n'est plus celle du fleuve qui avance, mais celle des pelletées de sable insérées pour combler les vides entre les pavés que sont les événements.

Le mariage forcé du temps et de l'espace

Mais la remise en cause la plus décisive du statut autonome attribué arbitrairement au mystérieux acteur que l'on appelle « temps » a été l'œuvre d'Albert Einstein.

Les physiciens étaient, au début du XXe siècle, face à un résultat expérimental qui contredisait les lois de la nature les mieux fondées : la vitesse de la lumière se révélait indépendante du mouvement de l'observateur.

Pour résoudre ce paradoxe, Einstein a osé admettre que l'écoulement du temps n'est pas le même pour deux témoins dès qu'ils bougent l'un par rapport à l'autre. Chacun d'eux a sa vérité et ces vérités sont différentes selon qu'ils parlent d'espace ou qu'ils parlent de temps.

Supposons que le premier envoie un éclair face à un miroir situé à la distance *d* ; cet éclair lui revient après un temps t = 2d/c, où *c* est la vitesse de la lumière. Le second, situé à la même distance *d* du miroir, fait la même expérience, mais il n'est pas immobile, il avance parallèlement au miroir à la vitesse *v*. Entre l'émission de l'éclair et sa réception au retour il a avancé de *vt'*, où *t'* est la durée de l'expérience pour le second témoin. Le chemin fait par la lumière n'est plus ABA, mais ACD (voir figure 1). Pour calculer la longueur de ce chemin, il suffit d'appliquer le célèbre théorème de Pythagore :

$AC^{2'} = d^2 + (vt'/2)^2$; mais $AC = 1/2\ ct'$ et $d = 1/2\ ct$, d'où : $1/4c^2t'^2 = 1/4c^2t^2 + 1/4v^2t'^2$,

soit : $t' = t(1-v^2/c^2)^{-1/2}$ ou, avec une très bonne approximation dans le cas où *v* est beaucoup plus petit que *c* :

$t' = t(1+1/2\ v^2/c^2)$

Au terme de ce calcul sans difficulté (il suffit de connaître le théorème de Pythagore), nous nous trouvons devant l'évidence que la durée est différente selon que l'observateur est immobile ou qu'il bouge par rapport à l'événement observé. Pour le premier, le temps *t* est dit « temps propre ». Comme l'indiquent ces deux relations, il est nécessairement plus court que le « temps impropre » *t'* de l'observateur en mouvement.

Allez de Paris à Lyon par le TGV. Vous avez deux moyens de calculer la durée du trajet, soit en regardant votre montre au départ et à l'arrivée, soit en regardant les horloges des gares de Paris puis de Perrache. Même si tous les mouvements de ces instruments sont rigoureusement synchronisés, les deux calculs aboutissent à des résultats différents, car la première observation mesure un temps propre (votre montre a participé à votre voyage) tandis que la seconde mesure un temps impropre (les horloges des gares ont bougé par rapport à vous). La différence, à vrai dire, est faible ; en admettant que la distance est de 400 km et la vitesse moyenne du TGV de 200 km/h, on trouve t = 2,00 heures et t' = 2,00000000000004 heures, rien n'est changé jusqu'à la quatorzième décimale. On comprend que cette différence ait échappé aux observateurs les plus rigoureux.

Mais le problème ne concerne pas ici la précision de la mesure ; il est beaucoup plus fondamental : c'est l'universalité du temps qui est en question. La réponse est désormais claire : le temps n'a de définition qu'en fonction de l'espace dans lequel il est mesuré. Il est semblable à un acteur qui change de rôle d'une représentation à l'autre ! Il se dilate pour un observateur en mouvement. Un raisonnement semblable montre que la longueur d'une règle parallèle à la direction du mouvement est plus courte pour cet observateur.

À qui se fier si mesure de temps et mesure d'espace sont ainsi élastiques ? Ni le temps seul ni l'espace seul ne sont fiables. Il faut les penser simultanément, comme une entité espace-temps indissociable où tout « point-événement » est repéré par quatre dimensions : les trois dimensions du lieu où il s'est produit, et l'instant de son occurrence. Il est alors possible de définir des caractéristiques fonctions à la fois de l'espace et du temps qui soient indépendantes du mouvement

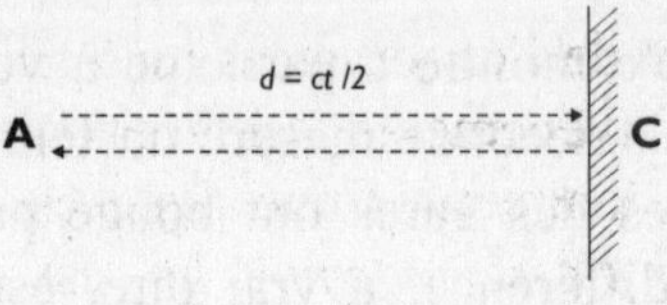

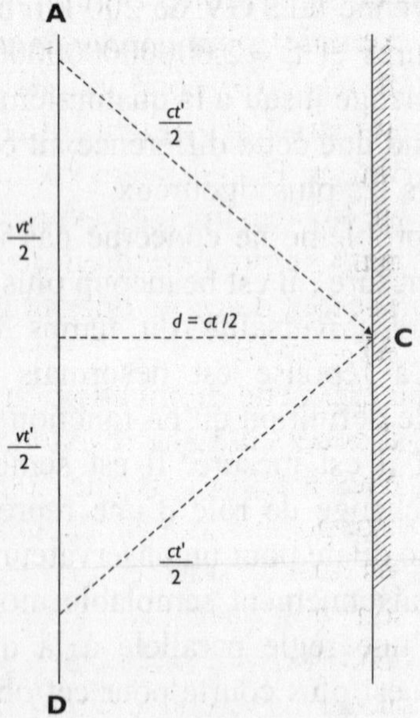

de l'observateur. Tel est le cas de l'« intervalle d'espace-temps » *ds* défini par

$$ds = (c^2dt^2-dx^2)^{1/2}$$

où *dt* est l'intervalle de temps constaté par un observateur et *dx* l'intervalle d'espace constaté par le même observateur. Pour deux observateurs en mouvement, les *dt* et *dx* sont différents, mais *ds* est le même pour les deux.

La simultanéité est « relative », au sens où le

mouvement de l'observateur rend simultanés pour l'un deux événements qui sont successifs pour l'autre ; la longueur d'une règle est « relative » ; *l'intervalle d'espace-temps*, lui, est « absolu » au sens où il est le même pour tous les observateurs se déplaçant en ligne droite. L'observateur A trouvera par exemple pour deux événements dx (A) = 0 et dt (A) ≠ 0 ; pour lui, ils ont lieu au même endroit mais à des instants différents, tandis que l'observateur B constatera dx (B) ≠ 0 et dt (B) = 0 ; pour lui, ces mêmes événements seront simultanés mais se produiront en deux lieux distincts ; ils ne seront d'accord que sur une mesure :

ds = cdt (A) = dx (B).

Il est clair que cette imbrication du temps et de l'espace rend nécessaire une révision complète de tous les réflexes intellectuels que nous avons mis en place en supposant leur indépendance. Même des opérations aussi évidentes que l'addition des vitesses ne sont plus valables.

Dans le TGV Paris-Lyon roulant à 300 km/h par rapport au sol, un voyageur se dirige vers l'avant à 4 km/h ; il a appris à l'école que sa vitesse par rapport au sol est alors de 300 + 4 = 304 km/h. Malgré les apparences, ce calcul est faux, car il faut tenir compte, dans la définition de la vitesse, de la différence entre temps propre et temps impropre ; Einstein a montré que la vitesse totale est donnée par la formule

$$v_t = (v_1 + v_2)/(1 + v_1 v_2/c^2) \quad [1]$$

où *c* est la vitesse de la lumière ; dans cet exemple, on obtient non 304 km/h, mais

303,9999999999999997 km/h. L'écart est faible car les vitesses en cause sont insignifiantes par rapport à *c*. Il devient important pour les objets, telles les particules venant de l'espace ou produites dans les accélérateurs, dont les vitesses sont proches de la vitesse de la lumière *c*.

Cet écart serait sensible dans un univers semblable à ceux qu'a imaginés Gamow, où la vitesse de la lumière est beaucoup moins grande que dans la réalité. Dans l'hypothèse où c = 300 km/h (soit trois millions de fois moins), la formule [1] aboutit pour la vitesse du voyageur à 300 km/h, la même vitesse que celle du train. En effet, une des conséquences de cette formule est qu'aucune vitesse ne peut être supérieure à *c*. Dans une fusée dont la vitesse est $V_1 = 2/3c$, lançons vers l'avant un objet à la vitesse $V_2 = 2/3c$, la vitesse obtenue ne sera pas 4/3c comme le suggère l'addition classique, mais 4/7c comme on peut l'obtenir en appliquant la formule [1].

Masse, temps, énergie

Si grands soient nos efforts, il nous est impossible de donner à un objet une vitesse supérieure à *c*. Plus la vitesse déjà acquise est grande, plus il est difficile de l'accroître. La relation montre que, en augmentant le numérateur, nous augmentons aussi le dénominateur : lorsque nous approchons de *c*, les efforts en vue d'augmenter la vitesse se heurtent à des obstacles toujours plus insurmontables. Or, ce qui s'oppose à la mise en mouvement d'un objet est sa masse ; tout se passe donc comme si cette masse grandissait avec la vitesse. On est ainsi amené à remplacer la masse classiquement considérée par une masse variable en fonction de la vitesse ; elle est définie par la formule

$$m = m_0 (1 - v^2/c^2)^{-1/2} \qquad [2]$$

où m_0 est la masse au repos.

Lorsque *v* se rapproche de *c*, la parenthèse tend vers zéro et *m* augmente indéfiniment ; seuls les objets dont la masse au repos est nulle peuvent donc atteindre la vitesse de la lumière ; cette qualité est celle des grains de lumière que sont les photons.

La relation [2] peut s'écrire avec une bonne approximation si *v* est plus petit que *c* :

$$m = m_0 (1 + 1/2v^2/c^2).$$

d'où

$$mc^2 = m_0c^2 + 1/2m_ov^2$$

Dans cette équation, le deuxième terme de droite nous rappelle un souvenir : il correspond à l'énergie cinétique d'un objet de masse *m* lancé à la vitesse *v*. Le premier terme de droite représente donc lui aussi une énergie : celle contenue dans un objet de masse m_0 au repos.

Nous aboutissons ainsi à la seule formule de physique qui ait détrôné dans l'esprit des collégiens la ritournelle proposée par les historiens « Marignan 1515 » ; la ritournelle des physiciens est : « $E = mc^2$ ».

Mais, nous le savons aujourd'hui, cette formule

a eu plus de conséquences pour l'humanité que la bataille de Marignan.

Finalement, le concept important n'est pas celui du temps mesurable, représenté dans les équations par la lettre *t*, mais la vitesse. Nous avons structuré notre réflexion en introduisant le temps comme une dimension première, et considéré ensuite la vitesse comme le quotient d'une longueur par un temps ; il aurait sans doute été plus réaliste d'introduire la vitesse comme dimension première et de définir ensuite le temps comme le quotient d'une longueur par une vitesse. Ce cheminement aurait évité des interrogations sans espoir de réponse sur la réalité du temps. Ces interrogations auraient été reportées sur la réalité de la vitesse, ce qui n'est pas déraisonnable puisque notre cosmos nous fournit un étalon de vitesse, celle de la lumière.

Le temps perçu

Cependant, le fait que « le temps passe » est une constatation qui s'impose en permanence à nous. Impossible d'échapper à cette perception. Le problème de la définition du temps se ramène à la recherche du lien entre cette sensation et sa cause objective. Nous pouvons constater, dans d'autres domaines, qu'un tel lien peut être complexe. Ainsi les psychologues énoncent-ils la « loi de Weber et Fechner » affirmant que la sensation est proportionnelle non à l'intensité d'un stimulus mais à son logarithme. Il peut sembler pertinent d'appliquer cette loi à l'écoulement du temps, ce qui explique l'accélération de cet écoulement telle que nous la ressentons à mesure que notre âge avance. Les conséquences de cette hypothèse seront évoquées dans le chapitre « Les logarithmes ».

Mais le paradoxe le plus crucial concerne la place de l'avenir dans notre perception de la durée. Il nous obsède alors que, nous l'avons rappelé, il n'existe pas. Rien dans la nature ne tient compte de lui. Du moins est-ce l'hypothèse de base de la réflexion scientifique. Le cosmos est regardé comme n'ayant pas d'intention, pas d'objectif. Les forces en présence font ce qu'elles ont à faire ; elles tiennent compte de l'état présent des choses, parfois du passé ; elles connaissent hier et aujourd'hui, mais elles ignorent demain ; elles ne peuvent mettre en scène ce personnage fictif qui n'est joué par aucun acteur.

Ceci n'est plus vrai depuis l'entrée récente sur cette scène (il y a à peine quelques millions d'années) des membres de notre espèce. Objets faits des mêmes constituants que tous les autres objets, animaux réalisés en associant les mêmes cellules que chez tous les êtres vivants, les *Homo sapiens* ont été capables, par suite d'une erreur de la nature (un système nerveux central hypertrophié), de développer une performance inouïe : imaginer que demain sera. Nous manifestons de multiples singularités : nous avons perdu la fourrure qui recouvre le corps de nos cousins primates, la nature nous prive de l'os baculum, nous marchons debout, nous naissons avant d'avoir reçu la moindre autonomie... ; beaucoup de ces singularités ne sont qu'anecdotiques. La plus décisive est notre capacité à nous projeter dans l'avenir ; sans doute est-ce le véritable fondement de notre spécificité.

Au passage, nous avons perdu le présent : le temps qui s'écoule pendant que je dis « je suis » transforme la phrase en un « j'étais ». C'est le prix à payer : laminée entre le souvenir du passé et la crainte ou l'espoir du futur, notre existence réelle est évanescente ; essayer de saisir l'instant présent est aussi vain que de courir après le vent (ou, aurait dit Einstein, que de chercher à rattraper un photon). Quant au passé, il nous a quittés, s'est éloigné et reste définitivement inaccessible ; nous ne pouvons que le contempler, tel qu'il est, figé pour l'éternité.

Notre seul domaine est donc, malgré son inexistence, l'avenir.

GRAVITATION ET COURBURE DE L'ESPACE

Les pommes tombent des pommiers ; la Terre tourne autour du Soleil. Il a fallu une bonne dose de génie à Newton pour oser affirmer que ces deux phénomènes sont dus à la même cause : l'attraction gravitationnelle entre les objets dotés d'une masse.

Ses réflexions avaient été rendues possibles par les travaux de Galilée sur la chute des corps et ceux, à la même époque, de Kepler sur le mouvement des planètes. Il avait constaté que celles-ci, quelles que soient leur masse et leur distance au Soleil, se meuvent sur leurs orbites en respectant scrupuleusement certaines régularités (ainsi, le rapport du cube de leur distance au Soleil au carré de la durée de leur révolution est le même pour toutes).

Rassemblant l'ensemble de ces observations, Newton montre que toutes les constantes ainsi mises en évidence sont le reflet d'une réalité unique, l'attraction réciproque des objets dotés d'une masse. Toutes les constatations, qu'elles concernent les planètes, les pommes ou les pierres, sont compatibles avec l'hypothèse que l'attraction gravitationnelle génère une force que l'on peut calculer, comme nous l'avons vu, grâce à la relation « $F = G\, mm'/d^2$ », où *m* et *m'* sont les masses des deux objets, *d* leur distance et G un coefficient de proportionnalité, la « constante de la gravitation ».

Cette formule n'est pas, contrairement à tant d'autres utilisées par les physiciens, le résultat d'une expérimentation. Le coefficient G est en effet si petit que la force F n'est directement mesurable que dans le cas où l'une au moins des masses *m* et *m'* est considérable ; c'est ce qui se produit pour l'interaction entre le Soleil et la Terre, ou entre la Terre et une pomme, mais pas dans le cas de deux pommes. Celles-ci s'attirent, certes, mais cette attraction est si faible comparée à celle exercée sur elles par la Terre qu'il faut un appareillage très subtil et précis pour constater son action. Cette formule résulte d'une hypothèse validée par les conséquences qui peuvent en être tirées et être confrontées à l'observation.

Mais, Newton lui-même le remarquait, cette attraction reste bien mystérieuse. Il se gardait bien d'affirmer « les masses s'attirent », il énonçait simplement que « tout se passe comme si les masses s'attiraient ». En quoi peut bien consister la cause de ce « comme si » ? Il est difficile d'imaginer qu'un élastique invisible est tendu entre le Soleil et la Terre, et plus généralement entre tous les objets qui s'attirent deux à deux.

Une réponse maintenant largement acceptée a

été proposée par Einstein en 1915, au prix d'un changement radical des concepts utilisés. L'attraction, qui était une propriété des objets, est remplacée par une propriété de l'espace : celui-ci est courbé par la présence des objets massifs.

Champ d'attraction et accélération

Le point de départ de la réflexion d'Einstein est une « expérience de pensée » comme il aimait en imaginer et dont il a montré qu'elles peuvent faire progresser notre compréhension du monde autant que des expérimentations réalisées en laboratoire.

Vous êtes avec un ami dans une cabine totalement fermée ; vous lâchez une pomme ; elle tombe sur le plancher. Vous en concluez avec logique que votre cabine se trouve dans un champ de gravitation. Mais votre ami vous révèle alors que, avant de se laisser enfermer avec vous, il a constaté que la cabine est solidaire d'une fusée. Il est fort possible que, après votre installation, celle-ci ait été mise en action ; votre cabine est donc emportée dans un mouvement accéléré ; la pomme n'est nullement tombée sur le plancher, c'est le plancher qui s'est élevé jusqu'à la pomme ; il n'y a pas de champ de gravitation, il y a accélération de la fusée, ce qui provoque le même effet apparent. Comment décider si l'interprétation correcte est la vôtre ou celle de votre ami ? La réponse d'Einstein est que ce choix est non seulement arbitraire, mais dépourvu de sens ; les deux observateurs décrivent avec des mots différents la même réalité. Il y a une rigoureuse équivalence entre la présence d'un champ de gravitation et une accélération ; aucune expérience ne peut les différencier.

La théorie dite de la « relativité générale » tire les conséquences de ce « principe d'équivalence ». Certaines sont inattendues et peuvent être confrontées à la réalité. Ainsi, on peut immédiatement conclure de ce principe qu'un champ de gravitation dévie nécessairement un rayon de lumière. En effet, imaginons qu'un tel rayon pénètre en un certain instant dans notre cabine ; il atteint le côté opposé au bout d'un temps $t = l/c$ où *l* est la largeur de la cabine et *c* la vitesse de la lumière. Dans l'hypothèse où cette cabine subit une accélération *g*, elle aura avancé durant ce parcours de $d = 1/2gt^2$; tout se passe comme si ce rayon avait subi une déviation d'un angle α défini par $\tan\alpha = d/l = 1/2gl/c^2$.

Puisque nous admettons, en raison du principe d'équivalence, qu'aucune observation ne peut différencier les deux hypothèses : présence d'un champ de gravitation ou accélération de la cabine, nous sommes alors conduits à affirmer qu'une déviation semblable doit être constatée si notre cabine est soumise à un tel champ : le principe d'équivalence implique qu'un rayon de lumière doit être dévié lorsqu'il passe aux environs d'une masse. L'avantage de cette conséquence est qu'elle peut faire l'objet d'une vérification expérimentale, il suffit de regarder une étoile dont la

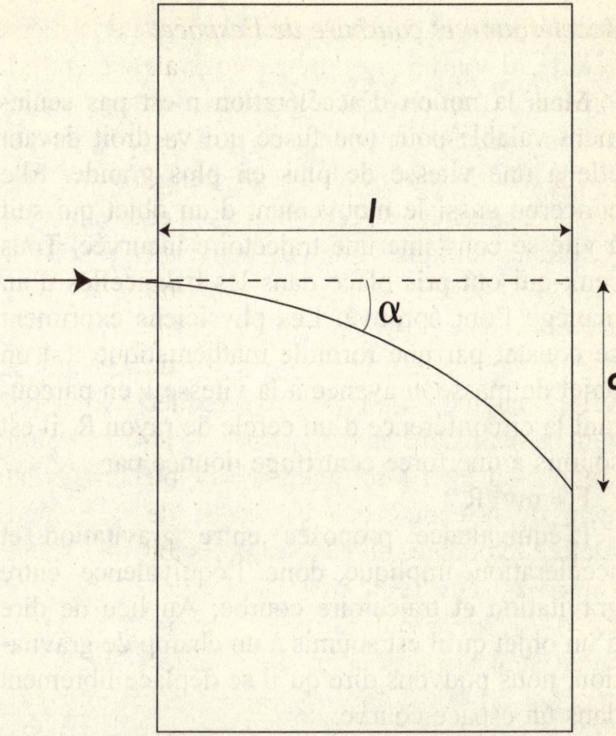

lumière passe, pour nous atteindre, près du Soleil, observation qui est possible lors des éclipses totales du Soleil.

Einstein avait proposé cette conclusion dès 1914 ; ce n'est, en raison de la guerre, qu'en 1919 qu'une éclipse a permis de constater cette déviation. Les positions apparentes d'étoiles qui se trouvaient au moment de l'éclipse dans la direction du bord du Soleil ont été déplacées de la quantité prévue ; la confirmation expérimentale a été parfaite.

Accélération et courbure de l'espace

Mais la notion d'accélération n'est pas seulement valable pour une fusée qui va droit devant elle à une vitesse de plus en plus grande. Elle concerne aussi le mouvement d'un objet qui suit à vitesse constante une trajectoire incurvée. Tous ceux qui ont pris place dans les balancelles d'un manège l'ont éprouvé. Les physiciens expriment ce constat par une formule mathématique : si un objet de masse *m* avance à la vitesse *v* en parcourant la circonférence d'un cercle de rayon R, il est soumis à une force centrifuge donnée par

$$F = mv^2/R$$

L'équivalence proposée entre gravitation et accélération implique donc l'équivalence entre gravitation et trajectoire courbe. Au lieu de dire d'un objet qu'il est soumis à un champ de gravitation, nous pouvons dire qu'il se déplace librement dans un espace courbe.

La « relativité générale » développée par Einstein entre 1910 et 1915 précise le rapport entre cette courbure et la gravitation. À vrai dire, cette théorie est d'un abord particulièrement rude. Pour reprendre notre métaphore assimilant la recherche scientifique à l'exploration d'un massif montagnard, nous pouvons comparer la relativité générale à l'ascension des Grandes Jorasses dans le massif du mont Blanc ; on ne peut s'y attaquer sans un minimum de préparation. Essayons un début de marche d'approche.

Tout d'abord, il faut préciser ce que signifie la

« courbure de l'espace ». Ce concept pose d'emblée le problème de sa représentation mentale ; la difficulté est accrue par la nécessité de traiter simultanément l'espace au sens ordinaire du mot, riche de trois dimensions, et le temps, donc de raisonner en tenant compte de quatre dimensions. Ne nous leurrons pas, un tel espace n'est pas plus l'objet d'une image dans le cerveau d'Einstein que dans le nôtre ; il n'est pas question de le « voir » mais de le décrire, de l'explorer, en acceptant l'abstraction des formules.

Pour aider l'intuition, sans prétendre faire mieux qu'une courte incursion, commençons par un espace à deux dimensions, c'est-à-dire un espace où chaque point est repéré au moyen de deux coordonnées. Ce peut être, par exemple, un plan où l'on repère les points par leur abscisse et leur ordonnée mesurées par rapport à deux axes perpendiculaires ; ce peut être aussi une sphère de rayon R où l'on repère les points par deux angles θ et ϕ (voir la figure 3). La notion de courbure de ces espaces s'introduit lorsque l'on cherche à calculer la distance entre deux points voisins en fonction des écarts entre leurs coordonnées.

Pour le plan, la réponse est donnée par le théorème de Pythagore : $ds^2 = dx^2 + dy^2$ où *ds* est la distance des deux points, *dx* et *dy* les écarts entre leurs abscisses et entre leurs ordonnées.

Pour la sphère la géométrie élémentaire aboutit à

$$ds^2 = R^2 (\sin^2\theta \, d\phi^2 + d\theta^2)$$

La différence essentielle entre ces deux espaces

est que dans le plan chaque coordonnée intervient indépendamment de l'autre, tandis que pour la sphère la contribution de la coordonnée ϕ est dépendante de la valeur de la coordonnée θ.

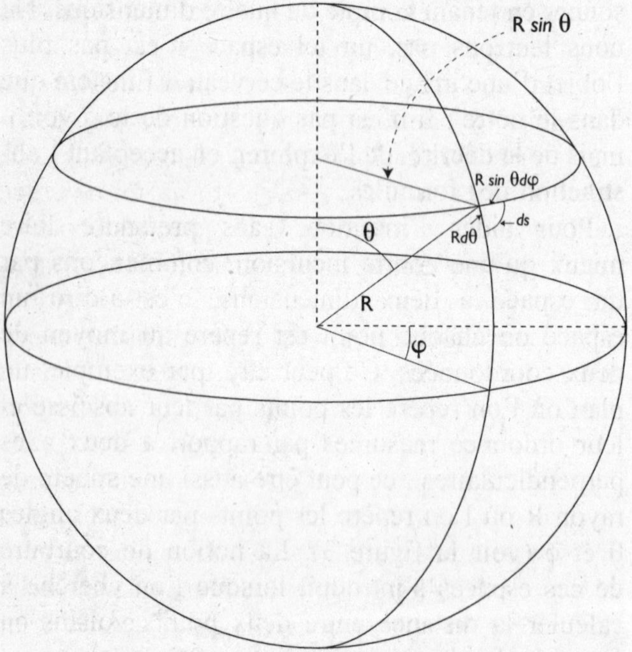

Quel que soit le nombre de dimensions d'un espace, on dit qu'il est « plat » s'il est possible de lui affecter un système de coordonnées tel que la distance de deux points voisins sera obtenue en additionnant ou en soustrayant les carrés des écarts de chacune des coordonnées. Dans les autres cas, il est dit « courbe », et sa courbure est caractérisée par les coefficients qui apparaissent dans la formule permettant de calculer la distance *ds* entre deux points voisins en fonction des écarts dx_i entre leurs coordonnées :

$$ds^2 = a_{11}dx_1{}^2 + a_{12}dx_1dx_2 + a_{22}dx_2{}^2 + a_{13}dx_1dx_3 + ...$$

la formule s'étendant à toutes les combinaisons deux à deux des coordonnées.

L'espace est plat si l'on peut définir un ensemble de coordonnées tel que tous les coefficients a_{ii} soient égaux à + ou -1 et tous les a_{ij} (où *i* est différent de *j*) soient nuls. Si un tel repérage de l'espace est impossible, l'espace est courbe, cette courbure étant définie par les coefficients a_{ij} qui sont eux-mêmes des fonctions des coordonnées. Leur ensemble constitue le « tenseur métrique » de l'espace. Dans un espace à quatre dimensions (celui de la relativité), les coefficients *a* sont au nombre de dix : quatre a_{ii} et six a_{ij}.

Un second concept lié à la courbure de l'espace est celui de *géodésique*, c'est-à-dire de plus court chemin d'un point à un autre. Pour le plan, la géodésique est la ligne droite passant par ces deux points ; sur la sphère, c'est le grand cercle. Pour un espace quelconque, elle peut être calculée (au prix de difficultés mathématiques considérables, comparables dans un autre registre à celles que rencontrent les varappeurs dans les Grandes Jorasses) à partir des coefficients a_{ij} de l'équation.

Le principe d'équivalence entre un champ de gravitation et une accélération admis par Einstein lui permet d'assimiler les caractéristiques géométriques de l'espace et les caractéristiques dues à la présence de masses (ou plus généralement d'énergie). Au lieu de dire que la Terre est attirée par le Soleil, il faut dire qu'elle va « droit devant elle » en suivant une géodésique dans un espace rendu courbe par la présence du Soleil. Cette géodésique la ramène, au bout d'une révolution, à son point de départ, telle une boule qui roulerait dans une rigole circulaire.

Les équations manipulées pour décrire ces courbes sont loin d'avoir la merveilleuse simplicité de la formule de Newton ; mais force est de reconnaître qu'elles correspondent beaucoup mieux à la réalité observable. Ainsi, pour une planète proche du Soleil comme Mercure, la géodésique obtenue est une ellipse dont le grand axe se déplace de 43 secondes d'arc par siècle, soit un tour complet en trois millions d'années, mouvement qui est effectivement constaté et que la formule de Newton ne pouvait expliquer.

LA VIE, LE PHLOGISTIQUE ET L'ADN

La découverte de l'ADN est le prototype des avancées scientifiques qui bouleversent en profondeur notre vision de la réalité et provoquent en cascade la remise en cause d'idées qui paraissaient pourtant définitivement établies. Les conséquences ultimes de ces révisions n'apparaissent cependant que lentement ; c'est parfois en nombre de générations qu'il faut mesurer la durée nécessaire pour que les esprits soient habitués à la nouvelle lucidité (souvenons-nous qu'il a fallu plus de quatre siècles – soit seize générations – pour que les autorités religieuses catholiques reconnaissent le bien-fondé de la vision copernicienne du mouvement des planètes, un siècle et demi – soit six générations – pour qu'elles acceptent la description darwinienne de l'évolution).

La vie reconsidérée

Il s'agit ici d'une interrogation qui était restée jusqu'alors sans réponse, faute d'être posée correctement : d'où provient la capacité manifestée par certains objets de résister à l'usure du temps en réagissant aux agressions, de se transformer tout en maintenant l'essentiel de leur structure, et surtout de produire des êtres semblables à eux ? Émerveillées par ces pouvoirs, incapables d'en découvrir la cause, toutes les cultures se sont jusqu'ici contentées de classer ces objets dans une catégorie spéciale, celle des êtres vivants. Leurs capacités étonnantes étaient expliquées par la présence en eux d'un principe indéfinissable, la *vie*. Mais en quoi consistait-il ? Comment, où, quand, ce principe était-il apparu ? Autant de questions restées ouvertes.

Une mésaventure de même nature était arrivée aux scientifiques du XVIIIe siècle lorsqu'ils voulurent donner une explication au fait que certains corps, tels le bois, le charbon, ont la propriété de brûler en fournissant une flamme, de la lumière, de la chaleur. D'où leur vient ce pouvoir ? Faute d'une meilleure hypothèse, ils ont suggéré que ces corps renferment un principe, le phlogistique, qui se manifeste lors de la combustion. La différence de poids entre une bûche et les cendres qui en restent après combustion correspond à la destruction de ce phlogistique qui est la véritable matière du feu. Cette explication dut être totalement abandonnée lorsque Lavoisier montra que la combustion met en œuvre non seulement l'objet qui brûle, mais l'air qui l'entoure ; elle résulte d'une réaction entre le carbone présent dans l'objet et l'oxygène présent dans l'air. Du coup, le concept de phlogistique a perdu toute pertinence, et le mot lui-même a disparu. Les lycéens d'aujourd'hui ne l'ont jamais entendu. La combustion n'est plus un mystère nécessitant l'intervention d'un agent indéfinissable, elle n'est qu'une des manifestations des processus chimiques les plus banals.

Un destin semblable est sans doute réservé au mot *vie*. Il correspond lui aussi à une classification des éléments du monde réel en deux catégories. La combustion permettait au XVIIIe siècle de distinguer d'une part les objets capables de brûler, d'autre part ceux qui en sont incapables ; les premiers comportaient du phlogistique, les autres non. De même, à partir du regard que nous portons sur ce qui nous entoure, nous croyons pouvoir définir deux domaines bien distincts : celui des objets inanimés, celui des êtres vivants ; les seconds ont été dotés de la vie, les premiers ne l'ont pas reçue.

Les mythes eux-mêmes ont contribué à cette dichotomie, ainsi le mythe de Pygmalion. La statue à laquelle, peu à peu, ce sculpteur donne forme est si belle qu'il en tombe follement amoureux. Mais elle n'est qu'une pierre, un objet ; il lui manque l'essentiel, la vie. Il est désespéré car à son enthousiasme, aucun enthousiasme réciproque ne peut répondre. Touchée par l'intensité de ce désespoir et admirative de la perfection de l'œuvre, Aphrodite transforme la statue en femme vivante ; Pygmalion peut épouser Galatée. Ce qui n'était que l'image d'une femme est devenu une femme. Mais il a fallu l'intervention d'une déesse pour que cette transmutation ait lieu. On ne saurait mieux exprimer combien semblait infranchissable la frontière entre inanimé et vivant.

L'usage de l'imparfait dans cette dernière phrase peut provoquer la surprise car, dans l'esprit de beaucoup, cette frontière semble aujourd'hui encore bien réelle. Pourtant, elle a été gommée il y a un demi-siècle. La rémanence des idées anciennes que nous aurions dû radicalement réviser est manifestée par la présentation de certaines observations récentes : en octobre 2000, une équipe de chercheurs américains a déclaré avoir « réveillé » une bactérie restée enfermée dans une bulle depuis plus de deux cents millions d'années. Une découverte semblable avait été faite au début de l'année 1995, mais l'ancienneté de l'objet n'était que de quelques dizaines de millions d'années ; ce premier record est donc largement battu. Cette réanimation, cette victoire dans la lutte contre le pouvoir destructeur du temps, est perçue comme l'équivalent d'une mystérieuse résurrection ; en fait, elle est une conséquence directe des propriétés de la molécule qui explique l'essentiel des performances des êtres vivants, l'ADN.

L'ADN

En 1953, une équipe scientifique dirigée par l'Anglais Francis Crick et l'Américain James Watson découvrit que la structure de la molécule ADN permet d'expliquer tous les processus qui se déroulent dans les organismes dits « vivants » et qui étaient considérés comme les manifestations d'un principe abstrait.

Il se trouve que cette molécule a l'aspect d'une hélice, et cette particularité a été largement popularisée. En fait, ce n'est là qu'un détail géométrique, qui n'est pas essentiel. Le véritable secret dévoilé par cette équipe est que cette hélice est double. Elle est constituée de deux rubans complémentaires dont les éléments sont des structures chimiques relativement simples (composées chacune d'une vingtaine d'atomes), les « bases », qui appartiennent à quatre types : les A, les C, les G et les T. Ce ne sont là que leurs initiales ; elles ont des désignations plus savantes ; mais notre ambition ici est de décrire leur comportement et d'en tirer les conséquences, non de préparer un examen.

Comme tous les assemblages d'atomes, ces quatre types de base ont chacun des affinités ou des répulsions à l'égard des autres structures chimiques. Il se trouve que leur comportement est semblable à celui de personnages qui seraient dotés de trois bras : avec deux bras ils se tiennent solidement l'un à l'autre pour former une longue chaîne sur laquelle ils se succèdent dans un ordre quelconque, un G peut se trouver aussi bien entre deux A qu'entre un T et un C ; ils réalisent ainsi un long ruban où semble écrit un mot utilisant un alphabet riche seulement de quatre lettres. Avec le troisième bras, ces structures manifestent au contraire une préférence et même une exclusivité : A ne s'apparie qu'avec T, C qu'avec G, et réciproquement. En face du segment composé des lettres TGGCAAT... se constitue ainsi le segment ACCGTTA...

Une telle configuration donne à cette molécule un pouvoir qui, à notre connaissance, n'est manifesté par aucun autre objet : la reproduction. Certes, nous connaissons tous des machines à reproduire ; elles fournissent des copies des documents qui leur sont fournis ; nous n'y voyons aucun mystère. Mais ce que sait faire la molécule d'ADN est d'une tout autre nature : elle se reproduit elle-même, comme si une photocopieuse était capable de produire une photocopieuse identique. L'ADN est l'équivalent d'un livre qui saurait se copier soi-même.

Cette molécule est apparue il y a sans doute plus de trois milliards d'années, alors que la Terre, constituée un milliard d'années plus tôt, avait eu le temps de se refroidir suffisamment pour que l'eau y soit sous forme liquide. L'effet de serre dû à une atmosphère riche en gaz carbonique et en méthane y était si intense que les océans étaient à une température de l'ordre de 70 degrés ; des tempêtes, des orages d'une violence inouïe brassaient ces océans, apportant l'énergie nécessaire à la construction d'assemblages d'atomes constamment renouvelés, résultats de leurs rencontres désordonnées. Dans ce milieu en perpétuel bouleversement, la plupart des agrégats ainsi apparus ont été détruits sans laisser de trace. Certains disposaient, par chance, de capacités nouvelles liées à leur complexité ; pour la plupart d'entre eux, ils ont un jour été éliminés, et ces pouvoirs n'ont plus été exercés. Le temps finissant par détruire ce qu'il a contribué à construire, l'histoire n'est qu'une succession erratique de créations et de disparitions.

Ce sort a été épargné à la molécule d'ADN en raison de son pouvoir d'autoreproduction. Elle a été capable de faire des doubles d'elle-même, et donc de s'opposer à sa propre disparition. Elle a ainsi mis l'équivalent d'un cliquet au rôle de la durée.

La séquence de bases qu'elle porte représente une information que l'écoulement du temps a peu à peu enrichie, faisant apparaître des pouvoirs nouveaux que l'autoreproduction a rendus définitifs. Les objets dotés de l'ADN participent ainsi à une accumulation de performances.

La reproduction

Cet exploit est rendu possible par le fait que le lien que nous avons assimilé à un troisième bras est moins solide que celui résultant des deux premiers bras, qui unissent les structures se succédant sur un même brin. La liaison entre le A situé sur un brin et le T situé sur l'autre, ou entre un C et un G, peut se rompre, fragilisant la liaison voisine ; de proche en proche, les deux brins se séparent à la façon dont s'ouvre une fermeture Éclair. Ils s'éloignent, mais les « troisièmes » bras restent tendus, prêts pour une base A à une nouvelle association avec une base T, pour une G avec une C. Cette attirance permet à chacun des brins séparés de reconstituer le brin complémentaire. Au double brin initial succèdent deux doubles brins identiques ; ce processus entraîne une autoreproduction.

Le résultat de l'opération peut paraître fabuleux ; pourtant, cet événement ne camoufle aucun secret ; pas plus, en tout cas, que la réaction d'une molécule d'acide sulfurique mise en présence d'une molécule de soude. Au niveau élémentaire, chaque atome se comporte comme il le fait en toutes circonstances, attirant ou repoussant tel autre atome en fonction de leurs caractéristiques. Mais l'enchevêtrement de ces interactions individuelles aboutit à un comportement global aux conséquences considérables.

Ce n'est là qu'un cas particulier, à vrai dire spectaculaire, d'un phénomène banal : les propriétés d'un ensemble complexe sont sans commune mesure avec les propriétés des divers éléments qui le constituent. Mettre en interaction, c'est rendre possible l'apparition de pouvoirs essentiellement nouveaux. L'exemple bien connu est l'événement qui se produit à chaque instant dans les étoiles en fin d'évolution. Trois noyaux d'hélium, faits chacun de deux protons et de deux neutrons, se réunissent et fusionnent, ce qui produit un ensemble composé de six protons et de six neutrons, c'est-à-dire un noyau de carbone. Les performances chimiques d'un hélium sont bien modestes, celles d'un carbone sont grandioses. Il a suffi de mettre ensemble trois objets incapables de la moindre action spectaculaire pour faire apparaître un objet prêt à réaliser des exploits inattendus.

Conformément à la même logique, les quatre assemblages d'atomes que nous avons désignés par les lettres A, T, C, G n'ont, isolés, aucune particularité remarquable, sinon leur comportement de « personnage à trois bras » ; mais leur assemblage sous forme d'une molécule d'ADN donne réalité à un pouvoir aux conséquences décisives : la reproduction.

La mise en place de cette performance a provoqué une véritable bifurcation dans la succession des événements qui se produisent sur notre planète. Partout, les rencontres aléatoires d'éléments de toute nature font apparaître des assemblages toujours nouveaux dotés chacun de ses caractéristiques ; en fonction de celles-ci, ils sont soumis aux influences des objets voisins, participent aux jeux collectifs des transformations réciproques, puis un jour disparaissent, condamnés par l'écoulement du temps. Chacun ne peut que subir passivement, enfermé dans sa trajectoire singulière, les conséquences des réactions qu'il provoque.

La molécule d'ADN, et elle seule, déjoue cette fatalité : capable de faire un double d'elle-même, elle rend indestructible la séquence dont elle est le support. Ce pouvoir lui permet de s'enrichir, de se complexifier et d'accumuler de nouvelles performances.

Les protéines et le code génétique

La plus décisive de ces performances est la capacité de l'ADN à gérer la réalisation des protéines, molécules qui participent à tous les processus biologiques. Elles sont semblables à de longs rubans faits de la mise bout à bout de structures chimiques dites « acides aminés », dont il existe vingt types. Décrire une protéine, c'est spécifier la suite des acides aminés qui se succèdent sur ce ruban. Ses propriétés, notamment la façon dont elle occupe l'espace, dépendent de cette séquence. Or, elle est le reflet de la suite des bases ATCG présentes sur le segment d'ADN chargé de la réalisation de la protéine : à chaque groupe de trois bases (il y en a en tout $4^3 = 64$) correspond l'un des vingt acides aminés. Des processus qu'il n'est pas question de décrire ici et qui mettent en jeu des molécules semblables aux molécules d'ADN (ARN messager, ARN de transfert) assurent la traduction de la séquence des bases ATCG en une séquence d'acides aminés.

La correspondance entre ces séquences est désignée par le terme « code génétique ». Son décryptage au cours des années 70 a révélé une réalité inattendue : ce code est le même pour tous les êtres dotés d'ADN, qu'ils soient des bactéries, des végétaux, des champignons ou des hommes.

Cette unicité est la preuve la plus éclatante de l'origine commune de tout ce que l'on dit vivant. Ce code semble en effet arbitraire ; il pourrait être autre. Si les processus complexes qui traduisent l'information présente sur l'ADN en substances biologiques avaient été mis en place à plusieurs reprises, indépendamment, par la nature, la probabilité que le même code ait été chaque fois adopté est proche de zéro ; l'hypothèse la plus raisonnable est donc que cette invention ne s'est produite qu'une fois. Tout ce qui vit est l'aboutissement d'une différenciation partie d'une origine commune et mue tout au long de son déroulement par une logique unique. La diversité infinie des apparences est le produit d'un mécanisme partout et toujours le même.

De la compréhension à l'action

La définition biologique d'un être vivant est finalement tout entière contenue dans la description de la succession des bases qui constituent son ADN. Cette collection constitue son « génome ». Pour un être appartenant à une espèce sexuée, elle a été définitivement constituée lors de la rencontre des deux gamètes parentaux. Les recettes qu'il utilisera tout au long de sa vie pour réaliser les substances qui constituent ses organes, pour mettre en action les processus qui lui permettront de réagir face au milieu, lui sont alors données une fois pour toutes. On comprend la fascination des chercheurs qui s'efforcent de lire ce livre de recettes, de « décrypter » ce génome. Malgré l'importance de la tâche (plus de trois milliards de lettres dans le livre de recettes de chaque humain), cette recherche est proche de son aboutissement pour de nombreuses espèces. Que faire de ce savoir ?

Toute compréhension nouvelle est grosse de possibilités d'action inédites. Dès que nous connaissons le déroulement d'une chaîne causale mise en place par la nature, nous sommes capables d'intervenir à certaines étapes et d'orienter la succession des événements vers l'aboutissement que nous désirons.

Dans tous les domaines, que ce soit la mécanique, la thermodynamique ou l'électromagnétisme, la fécondation de la technique par la science a été, notamment au XIXe siècle, spectaculaire. Le développement de l'industrie, l'amélioration de la vie quotidienne ont alors été favorisés par les découvertes théoriques des « savants ». Même lorsque ces découvertes étaient présentées sous des formes aussi éloignées du discours commun que les équations de Lagrange ou de Maxwell, ou que les théorèmes de Carnot ou de Boltzmann, elles étaient perçues comme préparant un monde meilleur ; personne ne mettait en doute l'équivalence entre avancées scientifiques et progrès humain. Jules Verne pouvait enthousiasmer ses lecteurs en extrapolant le chemin déjà parcouru vers la domination de la nature par l'Homme.

Remplacer le mystère de la vie par le fonctionnement banal d'une molécule a des conséquences beaucoup plus bouleversantes encore que les découvertes des physiciens ou des naturalistes d'autrefois. Les êtres que l'ont dit vivants sont désormais une cible possible pour nos projets.

Admettre que la vie est un mystère impliquait de s'avouer impuissant devant elle ; dissiper ce mystère, c'est s'approprier et soumettre tout ce qui vit. Rien n'échappe plus à notre intervention.

Il a fallu moins d'un demi-siècle pour passer de l'enthousiasme provoqué par la découverte des mécanismes vitaux restés jusque-là secrets à la mise au point de techniques permettant de les maîtriser, puis à la volonté de les utiliser pour parvenir à nos fins. Les pouvoirs que nous nous sommes ainsi donnés sont plus riches d'espoirs et plus lourds de menaces que tous ceux acquis auparavant : nous pouvons désormais transformer les êtres dans leur nature même, créer des espèces que la nature n'avait pas réalisées, donner naissance à des individus hors normes.

Ces pouvoirs peuvent s'exercer sur tous les vivants, y compris nous-mêmes. La flèche des déterminismes qui nous permettaient de modifier la succession des événements a changé de cible ; elle est maintenant dirigée vers nous. Le vrai problème n'est plus de savoir comment faire, mais de savoir que faire.

GAMÈTES ET PROCRÉATION

Nous ne pensons guère à eux ; nulle œuvre d'art ne les dépeint, nul poème ne les évoque ; ce sont pourtant nos véritables géniteurs.

Qui m'a fait ? Non pas une femme et un homme, mais un ovule et un spermatozoïde, eux-mêmes faits par une femme et par un homme. Ce n'est pas une simple nuance, mais le constat que le langage ordinaire nous trompe en nous faisant commettre, à propos de l'événement origine de chacun de nous, un véritable court-circuit logique qui occulte les principaux acteurs. Les schémas eux-mêmes par lesquels nous représentons la procréation mettent en évidence le travestissement induit par l'emploi des mots « père », « mère », « enfant ». Ces schémas relient en effet par un trait continu chacun des deux premiers au troisième ; or, ces traits ne correspondent à rien de concret ; ils camouflent le rôle essentiel de ces intermédiaires entre générations que sont les gamètes.

Ces acteurs sont restés longtemps ignorés, car ils ont échappé à notre observation tant que nous n'avons pas disposé des moyens de les débusquer. La recherche de réponses au véritable mystère qu'est la procréation a été fourvoyée par quelques idées préconçues, notamment, dans notre culture, par la métaphore de la « petite graine » : l'enfant est comme une plante qui se développe à partir d'une graine ; cette graine est déposée par le père dans le ventre de la mère. Aristote l'avait dit, donc, pendant des siècles, cette explication n'a pu être remise en cause.

Mais en quoi pouvait bien consister cette graine ? Pour un médecin du XVIe siècle, Ambroise Paré, « la semence est une substance écumeuse pleine d'esprits vivifiants [...], pleine d'esprits frétillants », ce qui n'est pas une mauvaise description venant de quelqu'un qui ignorait l'existence des spermatozoïdes.

L'utilisation du microscope mis au point par le Hollandais Antonie Van Leeuwenhoek permit, en 1673, à Marcello Malpighi de découvrir les ovules et de faire l'hypothèse que l'embryon y est préformé ; la graine imaginée est dans l'ovule. L'enfant est donc le produit de sa seule mère, le père n'étant qu'un déclencheur du processus de fabrication. Quatre années plus tard, utilisant des lentilles plus performantes (elles permettaient de grossir jusqu'à trois cents fois), Leeuwenhoek lui-même découvrit dans le sperme des objets que Maupertuis décrivit avec enthousiasme : « La liqueur séminale n'est pas d'ordinaire l'objet des yeux attentifs et tranquilles. Quel spectacle merveilleux lorsqu'on y découvrit des animaux vivants ! Une goutte était un océan où nageaient une multitude de petits poissons. »

Leeuwenhoek désigna pour notre espèce ces petits poissons comme des « homuncules », car, selon lui, ils contiennent un embryon prêt à se développer ; la graine est incluse dans un spermatozoïde.

L'origine de l'enfant est-elle située en réalité dans l'ovule maternel ou dans un spermatozoïde paternel ? De ces deux théories, une seule pouvait être juste. Comment décider ? La querelle est restée longtemps vive entre ovistes et spermatistes. Certains expérimentateurs, comme Spallanzani, voulurent en avoir le cœur net en mettant des caleçons en taffetas aux grenouilles mâles ; ils constatèrent que les grenouilles femelles restaient alors stériles, ce qui leur semblait un argument décisif en faveur du spermatisme. Les plus rigoureux renonçaient à prendre parti, se demandant si la question ne demeurerait pas définitivement sans réponse ; ainsi, d'Alembert dans l'*Encyclopédie* : « Il suit de tout ce qui vient d'être rapporté du système sur la génération proposé dans la nouvelle histoire naturelle qu'il ne sert qu'à prouver de plus en plus que le mystère sur ce sujet est impénétrable de sa nature. »

Nous savons maintenant, mais seulement depuis les découvertes de Mendel qui n'ont été comprises qu'en 1900, que ces théories étaient l'une et l'autre fausses ; ni l'ovule ni le spermatozoïde ne contiennent le futur bébé ; la métaphore de la graine est trompeuse. Ils sont l'un et l'autre des moitiés de graine ; c'est leur fusion qui donne réalité à l'équivalent d'une graine, et cette fusion est le résultat de leur propre comportement. Autrement dit, les protagonistes de l'événement qu'est une conception ne sont pas deux, comme on le raconte faussement aux enfants, mais bien quatre : deux comparses, les parents, deux acteurs, les gamètes.

(Ici, une parenthèse pédagogique peut être utile au lecteur enseignant ; il n'y a pas de moyen plus efficace de se faire écouter par toute une classe de collégiens que de proposer : « Ce soir, à table, dites à vos parents (mais attention à la paire de claques) que lorsqu'ils vous ont conçus ils n'étaient pas deux à agir, ils étaient quatre. » Un joyeux chahut mais aussi une attention puissamment intéressée sont assurés.)

L'essentiel de la découverte de Mendel réside dans le fait que la transmission des informations biologiques d'une génération à la suivante se produit non en une étape mais en deux étapes, et les processus qui se déroulent au cours de chacune de celles-ci sont fondamentalement différents.

La première étape, le premier acte de ce drame, qui commence avec deux personnages, se poursuit à quatre et se termine à un, se déroule séparément chez le père et chez la mère. Chacun produit des gamètes en tirant au sort la moitié de la collection de gènes, c'est-à-dire d'informations biologiques, qu'il avait reçues lors de sa propre conception. Chez l'homme, cette production est continue tout au long de sa vie adulte ; chez la femme, elle est au contraire commencée au cours de la vie fœtale. Une petite fille naît avec un stock de quelques centaines de milliers de cellules prêtes à devenir des ovules. Ces cellules, qui ont reçu une copie de la totalité de la dotation génétique, restent en attente jusqu'à la puberté ; chaque mois, l'une d'entre elles est ensuite choisie, subit une division qui ne lui laisse que la moitié des chromosomes qu'elle contenait, et se trouve prête pour une conception.

Personne avant Mendel n'avait imaginé cette division par deux du patrimoine de chaque parent. Elle est en effet à l'opposé des idées suggérées par les mots que nous employons : voir en un être un « individu », c'est admettre qu'il est indivisible. Cette propriété est conforme à la réalité pour ce qui concerne son parcours de vie ; le diviser, c'est le détruire. Mais elle est à l'opposé de cette réalité pour ce qui concerne son rôle de géniteur : engendrer, c'est transmettre la moitié de ce que l'on a reçu ; c'est donc se comporter en « dividu ».

Le point important dans la production des gamètes est l'introduction d'un processus aléatoire. Le géniteur avait reçu deux gènes pour chaque caractère élémentaire ; le gamète produit n'en reçoit qu'un, conséquence d'un véritable ballet dont l'aboutissement est une loterie. Le résultat en est que leur diversité défie l'imagination. Un simple calcul dont le résultat paraît invraisemblable suffit à le montrer. Si un individu a reçu, pour un trait tel qu'un système sanguin, deux gènes différents A et B (on dit alors qu'il est « hétérozygote » pour ce trait), il peut produire deux sortes de gamètes, ceux qui reçoivent A, ceux qui reçoivent B. Si cette hétérozygosité est manifestée pour *n* traits, le nombre de gamètes tous différents qu'il peut produire est 2^n, soit un nombre qui s'écrit, si n = 100, avec trente chiffres, si n = 1 000 avec trois cents chiffres, infiniment plus que le nombre des atomes constituant notre univers, y compris les galaxies les plus lointaines ; ce dernier nombre s'écrit « seulement » avec soixante-dix ou quatre-vingts chiffres. Or, dans des espèces comme la nôtre, *n* est plus proche de 1 000 que de 100.

Chaque gamète étant tiré au hasard dans un ensemble quasi infini, la probabilité de produire deux gamètes identiques est pratiquement nulle. Les êtres sexués sont avant tout des machines à faire apparaître des combinaisons inédites. Au cours de l'évolution, ce mécanisme, qui a été mis en place il y a sans doute moins d'un milliard d'années, a été un événement décisif ; grâce à lui, la production d'êtres toujours nouveaux a été prodigieusement accélérée ; d'innombrables voies nouvelles ont pu être explorées.

Remarquons au passage combien la représentation classique des généalogies engage les réflexions sur une fausse piste ; elle constitue un bon exemple d'idées erronées véhiculées souterrainement par des images apparemment neutres. Nous avons tous vu dans nos livres d'histoire des généalogies de familles royales. Systématiquement, le roi est représenté par un carré, la reine par un cercle ; le fait qu'ils ont formé un couple procréateur est indiqué par un trait horizontal joignant ces deux symboles. Leur descendance est figurée par un trait vertical unique, puis par un second trait horizontal auquel sont « accrochés » leurs enfants.

Ce schéma devant lequel nous ne réagissons pas, car nous y sommes habitués, exprime le constat que les enfants se sont partagé les apports des parents. Cela est vrai s'il s'agit du patrimoine au sens des notaires, de l'*avoir* ; c'est faux s'il s'agit de la dotation génétique, de l'*être*. Un même bien matériel ne peut être donné qu'à un descendant, un même gène peut fort bien être transmis à plusieurs enfants.

Dualité des causes, unité des apparences

Une des conséquences du schéma proposé par Mendel est la double commande des diverses caractéristiques. Pour chacune de celles-ci, l'apparence est unique mais les causes sont doubles ; elles sont matérialisées par deux séries de « gènes » ; une série est transmise par le gamète paternel, l'autre par le gamète maternel. Tout ce qui paraissait paradoxal dans la transmission des caractères devient évident dès que cette « duplicité » des êtres sexués est admise.

L'exemple classique est celui de parents dont les groupes sanguins sont A et B et qui procréent un enfant O. Cela paraît prouver que ce trait n'est pas transmissible, puisque l'enfant ne manifeste la caractéristique d'aucun de ses parents. En fait, ce qui est transmissible n'est pas le caractère lui-même, mais les gènes qui le gouvernent. Dire que le groupe du père est A ne correspond qu'à une information incomplète ; pour comprendre la transmission, il est nécessaire de connaître les deux gènes qui se manifestent par ce groupe ; deux cas sont possibles : il peut avoir reçu deux gènes *a*, son « génotype » est alors (aa), ou un gène *a* et un gène *o*, son « génotype » est (ao). De même, la mère peut avoir reçu soit le génotype (bb) soit le génotype (bo). Qu'un de leurs enfants soit de groupe O prouve que leurs génotypes sont (ao) et (bo), ce qui, une fois sur quatre, entraîne la naissance d'un enfant (oo), donc de groupe O.

De même, la naissance d'un enfant atteint d'une maladie dite « génétique » a lieu le plus souvent dans une famille où aucun cas de cette maladie ne s'est encore manifesté. La raison en est que ces maladies, ainsi la mucoviscidose si souvent évoquée, sont dues le plus souvent à des gènes qui ne se manifestent qu'à double dose, chez les individus de génotype (mm), où *m* désigne le gène responsable opposé au gène N supposé « normal ». Ceux qui n'ont reçu qu'un exemplaire du gène délétère, dont le génotype est donc (Nm), sont parfaitement indemnes, mais lorsqu'ils procréent avec un partenaire de même génotype, la probabilité d'engendrer un enfant atteint est de un quart.

Le cheminement d'une génération à l'autre des caractères apparents a pu ainsi sembler longtemps inexplicable. Tant que le concept de double commande a été ignoré, ce cheminement ne pouvait que constituer, comme l'admet le rédacteur de l'*Encyclopédie*, un mystère définitif. Il n'est pourtant que la conséquence de la transmission des gènes.

Choix du partenaire et patrimoine collectif

La deuxième étape, deuxième acte du drame où interviennent quatre acteurs, consiste en la rencontre puis la fusion de deux de ces acteurs : un gamète mâle et un gamète femelle. Les divers épisodes qui aboutissent à cette rencontre sont très variables selon les espèces. Chez les plantes, le pollen, gamète mâle, est transporté jusqu'au gamète femelle par le vent ou par quelque insecte butineur ; les deux géniteurs n'interviennent pas. Chez les mammifères, donc chez les humains, le spermatozoïde est apporté aux environs de l'ovule par un procédé plus complexe, la copulation. Cet événement tient certes une place considérable dans le comportement des individus, mais il n'a qu'une influence insignifiante sur le devenir de la dotation génétique collective d'une population. Les diverses cultures ont consacré une énergie et une imagination considérables à définir et à faire respecter des règles organisant les rencontres entre géniteurs. En pure perte du point de vue de la transmission du patrimoine génétique collectif, car tout se passe finalement comme si elles étaient le fruit du hasard. Le choix du partenaire est, de ce strict point de vue, aussi vain que si le vent en était chargé.

On constate en effet que la répartition des divers gènes entre les individus d'une population est toujours très proche de ce qu'elle serait dans l'hypothèse où les rencontres entre géniteurs auraient été tirées au sort. On peut montrer en effet (voir « Le raisonnement probabiliste ») que, dans cette hypothèse, la fréquence du génotype (aa) doit être égale au carré de la fréquence du gène *a* et celle du génotype (ab) égale à deux fois le produit des fréquences des gènes *a* et *b*. Étrangement, ces proportions sont constatées dans toutes les populations où des statistiques précises ont pu être obtenues.

Malgré les apparences, de tels résultats ne servent pas seulement à satisfaire les théoriciens. Ils peuvent aider à avoir un regard plus lucide sur des réalités douloureuses. Ainsi, un concept aussi dangereux que celui de tare familiale perd une grande part de son sens à la lumière de ces constats. Une famille dont un des enfants est atteint de mucoviscidose montre que le gène délétère, que nous avons noté *m*, est présent dans son patrimoine. Peut-elle pour autant être cataloguée comme « tarée » ? Un calcul simple permet de répondre. En France, les naissances de tels enfants ont une fréquence de 1/2 500 ; la fréquence du gène *m* dans le patrimoine collectif est donc de

1/50, et la fréquence des porteurs sains de génotype (Nm) de $2 \times 1/50 \times 49/50 = 4/100$. Près de deux millions et demi de Français sont donc porteurs de ce gène sans le savoir. Ils n'en deviendront conscients que le jour où, par malchance, un de leurs enfants recevra ce gène en double dose. Or, la mucoviscidose n'est que l'une des nombreuses maladies dues à de tels gènes. La probabilité de n'en porter aucun est donc voisine de zéro. Nous sommes par conséquent tous potentiellement « polytarés », ce qui enlève tout sens à l'application du concept de tare à une collectivité, famille ou population.

Le détour par l'abstraction des calculs permet aussi d'éloigner certaines craintes illusoires souvent formulées à propos des effets néfastes à long terme de la guérison des enfants atteints de maladies génétiques, guérisons de plus en plus fréquentes grâce aux progrès médicaux. Ainsi, depuis plusieurs dizaines d'années, les enfants atteints de « phénylcétonurie » échappent à cette maladie et atteignent normalement l'âge procréateur ; ils transmettent évidemment à leurs descendants le gène responsable. Étant donné sa faible fréquence, ceux-ci ne recevront le deuxième gène nécessaire pour avoir le génotype (mm) qu'avec une probabilité inférieure à 1 % ; même dans ce cas défavorable, ils ne supporteront pas les conséquences de cette dotation, puisque l'on sait désormais guérir cette maladie. Faut-il donner mauvaise conscience aux médecins au nom de la « détérioration » du patrimoine collectif qu'ils provoquent ?

En fait, celle-ci ne se manifestera que très lentement ; le calcul montre qu'il faudra au moins quinze siècles pour que la fréquence des enfants à soigner pour cette maladie passe de 1 sur 11 000 actuellement à 1 sur 3 000. Mais surtout, ces gènes ne représentent pas un « fardeau sanitaire » puisque la maladie n'apparaît plus ; on ne peut leur imputer qu'un fardeau économique correspondant au coût des soins nécessaires. Nos sociétés peuvent facilement le supporter.

Races et génétique

Passer des apparences visibles aux causes cachées est le meilleur moyen de lutter contre des idées reçues dont les conséquences peuvent être dramatiques. La lucidité apportée par la science est certes précieuse lorsqu'elle nous fait comprendre que le Soleil ne tourne pas autour de la Terre, mais combien plus précieuse encore lorsqu'elle nous permet d'échapper à des préjugés qui ont servi à mépriser ou même à massacrer des communautés humaines. L'exemple le plus clair est sans doute celui de la classification de l'humanité en races distinctes et hiérarchisées.

Il est de bonne méthode, face à un ensemble aussi nombreux que l'humanité, de chercher à l'analyser en groupes aussi homogènes que possible. Reste à choisir les critères permettant de définir cette homogénéité. Tout naturellement, les premiers raisonnements ont pris en compte les caractères apparents, taille, couleur de la peau, forme du crâne... Mais pour que ces groupes homogènes puissent être définis de façon stable, il faut que ces caractéristiques soient transmissibles. Or, nous savons, depuis Mendel, que cette transmission concerne non les caractères apparents, mais les gènes qui les gouvernent.

Tous les raisonnements permettant de définir les races humaines doivent être revus si l'on tient compte de cette évidence. Pour le biologiste, ce qui est transmis par une communauté, de génération en génération, est la collection de gènes qu'elle possède. Définir des races consiste donc à comparer ces collections et à rassembler dans un même ensemble les populations ayant des collections de gènes semblables. Les statistiques disponibles permettent de réaliser de telles comparaisons ; des méthodes mathématiques (définition de distances génétiques, techniques de classification) ont été mises au point pour aboutir à une définition objective d'ensembles relativement homogènes. Il se trouve que le résultat de tous ces efforts est l'impossibilité dans notre espèce de définir des races.

Il ne s'agit pas d'une affirmation idéologique dictée par le souci d'afficher une égalité entre les hommes. De toute évidence, l'égalité biologique n'a de réalité ni entre les individus ni entre les populations. Tout dans la nature contribue à une non-égalité. Mais nous constatons que cette non-égalité ne permet ni une hiérarchie ni une classification.

Les techniques employées pour définir les races sont efficaces pour certaines espèces comme les bovins ou les chiens ; elles débouchent sur une impossibilité pour notre espèce, car les écarts entre individus sont tels qu'ils rendent non significatifs les écarts entre les populations.

Les modèles théoriques développés par la génétique des populations permettent d'expliquer cette constatation. Un groupe ne peut se différencier des autres au point de pouvoir être considéré comme une « race » distincte que s'il reste parfaitement isolé durant une période suffisamment longue (équivalant à un nombre de générations très supérieur à son effectif). Il se trouve que, dans notre espèce, un tel isolement durable ne s'est pas produit.

En adhérant à la théorie de Copernic qui décrit une Terre en orbite autour du Soleil, Galilée n'imaginait pas déclencher les violentes querelles théologiques dont il a été victime. En imaginant une explication de la transmission de la couleur chez les petits pois fondée sur le partage du patrimoine de chacun des géniteurs, Mendel ne pouvait avoir conscience de la cascade de remises en cause qu'il allait provoquer (après sa mort, car, de son vivant, personne, pas même lui, n'a compris la signification de sa découverte). Dès qu'une idée nouvelle modifie un concept important, est-ce toute notre vision du cosmos et de nous-mêmes qui risque d'être renouvelée ? Les scientifiques ne font pas totalement leur métier s'ils ne tentent pas cette exploration des conséquences.

L'ÉVOLUTION

Seuls quelques États américains et quelques sectes intégristes enfermés dans l'interprétation littérale de textes qu'ils estiment « sacrés » refusent d'admettre que les êtres vivants, si divers soient-ils, ont une origine commune. L'évidence de ce qui n'a été tout d'abord qu'une hypothèse est maintenant largement acceptée.

Au départ, il s'agissait de tirer les conséquences de la ressemblance manifeste des formes de multiples organes chez des animaux pourtant très éloignés : le squelette d'un chien, celui d'un phoque sont si semblables qu'il semble raisonnable d'admettre que ces deux espèces ont divergé à partir d'une souche commune. Émise dès le début du XVIIIe siècle, cette supposition a acquis le statut tout d'abord d'hypothèse plausible, puis d'évidence à mesure que se sont accumulées les preuves en sa faveur.

Le fait de l'évolution

Les premières preuves ont été apportées par les découvertes des paléontologistes ; ils ont mis en évidence la transformation progressive des formes des ossements fossiles et ont permis de reconstituer certains chaînons des lignées reliant les espèces actuelles à leurs lointains ancêtres ; ces fossiles, dont on sait maintenant mesurer avec précision l'ancienneté, racontent avec une chronologie peu à peu précisée l'histoire de ces transformations.

Les premiers progrès de la biologie ont permis de constater des ressemblances qui ne concernent plus seulement les formes apparentes, mais les processus qui aboutissent à ces formes. Ainsi, les développements embryonnaires d'espèces apparemment très éloignées, poissons, mammifères, tortues, hommes, sont étrangement similaires ; la succession des étapes de ce développement, de cette « ontogenèse », suit des cheminements souvent identiques, au point même de mettre provisoirement en place, au cours des premières phases du développement des embryons, des organes qui étaient utiles dans les espèces primitives mais qui n'ont plus de fonction chez les adultes d'aujourd'hui ; ainsi dans l'embryon humain commencent à se développer, avant de régresser puis de disparaître, des fentes pharyngiennes, ébauche des organes de la respiration branchiale des poissons.

De même, la biochimie a montré que les êtres vivants apportaient des solutions semblables aux problèmes posés par le maintien de leurs métabolismes ; de nombreuses substances ont, à quelques détails près, la même structure dans toutes les espèces. Les cellules ont chez tous la même structure ; elles utilisent toutes les mêmes procédés pour stocker l'énergie.

Enfin et surtout, la découverte de l'ADN au milieu du XXe siècle a apporté la preuve décisive de l'unité profonde de l'ensemble des êtres vivants : ils utilisent tous le même mécanisme complexe pour réaliser des protéines à partir des informations fournies par leur dotation génétique. En particulier, nous l'avons vu, le cœur de ce mécanisme, le code génétique, est identique chez les bactéries, chez les végétaux, chez les champignons ou chez les animaux, *Homo sapiens* compris. Or, ce code, qui crée une correspondance entre la succession des bases présentes sur la molécule d'ADN et la succession des acides aminés attachés les uns aux autres sur la protéine, paraît arbitraire ; il pourrait être différent chez les végétaux et chez les animaux si ces deux règnes avaient indépendamment adopté chacun un code. Son unicité fait de l'origine commune de tous ces êtres une évidence.

L'évolution n'est donc plus maintenant, comme le proposent certains programmes scolaires américains, une théorie parmi d'autres. Il est vraiment déraisonnable de la mettre en parallèle, à égalité de vraisemblance, avec la théorie « créationniste » admettant que les espèces sont restées fixées dans l'état où elles ont été créées. Elle est désormais un constat qui s'impose à nous avec autant d'évidence que la rotation de la Terre sur elle-même et autour du Soleil.

Étrangement, ce fait de l'évolution coexiste

dans l'esprit de nombre de nos contemporains avec d'anciennes explications suggérées notamment par une lecture trop littérale de la Bible. Les théologiens sont pourtant les premiers à admettre que les textes bibliques ne doivent pas être considérés comme des textes scientifiques. Leur objectif n'est pas de décrire la réalité d'une histoire ; il est de faire réfléchir à de multiples questions sans réponse que se posent les hommes à propos de leur origine. Ils utilisent pour cela des métaphores fort diverses selon les cultures, où le goût du merveilleux l'emporte sur le désir de véracité. Contrairement à la science, ils ne prétendent pas apporter de réponses, même partielles.

Ce que celle-ci propose est, à vrai dire, souvent décevant. Certes, la rigueur des raisonnements est préservée, mais les prolongements poétiques que suggéraient les mythes ont disparu, et surtout l'Homme est remis à une place banale peu compatible apparemment avec le rôle particulier que nous nous sentons en droit de nous attribuer. Ce désenchantement explique peut-être la persistance des vieilles croyances plus satisfaisantes pour notre vanité que les descriptions scientifiques.

Un monde désenchanté

Dans les textes qui ont inspiré initialement notre compréhension du monde, le regard est presque toujours focalisé sur l'histoire de notre propre espèce. Celle-ci est présentée comme un diamant dont le cosmos entier serait l'écrin.

Selon la Bible, le Créateur a consacré une journée spéciale, la dernière de la semaine initiale, à nous installer dans un univers qu'il avait créé les jours précédents et sur lequel Il nous a donné presque pleins pouvoirs, si l'on en croit l'ordre célèbre « Peuplez la terre et soumettez-la ». Non seulement nous sommes au centre géographique de l'univers, mais nous sommes au cœur de son aventure.

Selon le discours scientifique, nous ne sommes plus qu'une des innombrables espèces mises en place par un cosmos dont la richesse est infiniment plus grande que ne peuvent nous le révéler nos sens et qui, depuis son apparition, n'a cessé de produire des objets d'une variété fabuleuse ; nous sommes l'un de ces objets, un parmi une multitude ; l'importance que nous nous attribuons n'est qu'une illusion due à une erreur d'optique.

Les légendes qui ont enchanté notre enfance nous présentaient comme contemporains de l'Univers. Notre premier ancêtre était apparu, à quelques jours près, en même temps que tout ce qui nous entoure ; notre espèce avait l'âge du cosmos. Selon la science d'aujourd'hui, nous ne sommes plus qu'un épisode insignifiant inséré dans l'histoire d'un Univers qui s'est longuement fort bien passé de nous : les quelques millions d'années écoulées depuis notre séparation des autres primates ne représentent que la trois millième partie de la durée écoulée depuis le big bang.

Commencée avec celle du cosmos, notre histoire devait se prolonger aussi loin que la sienne. Dans la tradition biblique, « Fin du monde » et « Jugement dernier » étaient deux événements qui devaient se produire simultanément. Lorsque la science essaie de préciser l'évolution future, elle nous montre au contraire que la fin de l'homme n'a aucune raison d'être liée à un événement cosmique. Dans quelques dizaines ou centaines de millions d'années (en admettant que nous ne provoquions pas nous-mêmes notre disparition), notre espèce pourrait connaître le sort de toutes celles qui nous ont précédés. De même que les petits mammifères du crétacé ont profité, il y a soixante-cinq millions d'années, de la disparition brutale des dinosaures pour se répandre sur la planète, d'autres espèces prendront notre succession. La terre nous aura vite oubliés.

Il est normal que des changements de perspective aussi radicaux ne puissent que lentement être acceptés par nos cultures. Ils transforment de fond en comble le regard que nous portons sur nous-mêmes. Ils nous incitent à poser non la question classique « Et Dieu dans tout ça ? », mais plus égoïstement « Et moi, dans tout ça ? ».

Il est clair que la science ne peut fournir que des réponses partielles à une telle question. Elle peut tout au mieux apporter un éclairage sur les mécanismes qui ont abouti à l'état de choses actuel. Car, une fois admis le fait de l'évolution, il reste à préciser les processus qui l'ont provoqué. Force est de reconnaître une certaine impuissance : les théories à ce propos ont dû être profondément modifiées à mesure que les connaissances progressaient.

Le moteur de l'évolution

Au début du XIXe siècle, Lamarck, en proposant la théorie du *transformisme*, expliquait les changements progressifs des espèces par la transmission héréditaire des caractères acquis : au cours de sa vie, proposait-il, un individu s'adapte à son milieu en transformant certains de ses organes (ainsi, la girafe tend le cou pour attraper les plus hautes branches et se nourrir de feuilles) ; lorsque cet individu procrée, ces changements sont transmis à sa progéniture (par conséquent, de génération en génération, le cou des girafes grandit).

Un demi-siècle plus tard, Darwin compléta cette théorie en faisant jouer un rôle essentiel à la *sélection naturelle*[8] : il naît dans la plupart des espèces plus d'individus que le milieu ne peut en supporter ; ceux qui bénéficient par chance d'un avantage quelconque ont une plus grande chance de survivre et ont donc la possibilité de transmettre à leurs descendants leur propre type ; génération après génération, ce type favorable se répand dans la population (les girafons dotés par chance d'un long cou peuvent facilement attraper des branches inaccessibles à d'autres et survivent plus souvent que d'autres jusqu'à l'âge procréateur, leurs descendants sont plus nombreux, le caractère « long cou » se répand dans la population).

Tous ces modèles souffraient d'un handicap décisif : la méconnaissance du processus de la procréation, c'est-à-dire du mécanisme de transmission des informations biologiques. Il a fallu attendre 1900 pour que la découverte de Mendel soit enfin prise en considération. Toute la problématique de la transmission des caractères s'en est trouvée bouleversée, et par conséquent la problématique de l'évolution, dont l'objet même a changé. Ce qui est transmis n'est pas telle ou telle caractéristique, mais une part des gènes qui gouvernent cette caractéristique. La théorie de l'évolution ne cherchait plus à expliquer les raisons du changement de telle apparence visible, mais à expliquer pourquoi les facteurs génétiques à l'origine de cette apparence avaient évolué.

Une nouvelle discipline, la génétique des populations, a alors été développée. Elle montre que, dans les espèces sexuées, le lien entre les géniteurs et les descendants est caractérisé par l'intervention d'une loterie : chaque géniteur n'envoie que la moitié des informations biologiques qu'il avait reçues lors de sa conception, et cette moitié est tirée au sort. La caractéristique essentielle de la transmission est donc d'être aléatoire, de faire intervenir le hasard.

Tous les raisonnements s'efforçant d'expliquer l'évolution des espèces ont donc dû être repris. Pendant la première moitié du XXe siècle, les efforts ayant cet objectif ont surtout consisté en la mise au point de modèles qui, tout en gardant l'essentiel des idées de Darwin, tenaient compte du rôle des gènes et de leur mode de transmission.

Chaque procréation fait apparaître un être nouveau résultant de recombinaisons génétiques ; les différences entre lui et ses deux géniteurs ne correspondent pas à une évolution, mais à une création. Le concept d'évolution n'a donc de sens qu'au niveau d'une population, caractérisée par la dotation génétique globale que les générations successives se transmettent.

Ce qui évolue n'est ni un organe, ni un individu, mais la répartition des divers gènes dans la collection possédée par l'ensemble de l'espèce. L'étude des causes de la transformation de ce patrimoine collectif est le domaine de la *génétique des populations*.

Parmi ces causes, la capacité des individus à parvenir à l'âge procréateur joue bien sûr un rôle important ; le concept darwinien de valeur sélective est donc préservé, au prix toutefois d'un changement important ; il n'est plus appliqué aux caractéristiques apparentes des individus, mais aux gènes, dont ces caractéristiques sont la manifestation. Par contre, le concept lamarckien d'hérédité des caractères acquis n'est plus pris en compte : chaque individu transmet des gènes tels qu'il les a reçus sans que les conditions de sa vie les aient modifiés.

Présentés au milieu du XXe siècle de façon triomphaliste, comme constituant « la Théorie synthétique de l'évolution », les modèles ainsi élaborés ont dû être remis en cause lorsque les méthodes nouvelles mises au point par les biochimistes ont révélé l'étendue inattendue du polymorphisme, c'est-à-dire de la diversité génétique des individus. Fondamentalement, la sélection naturelle est purifiante ; les gènes entraînant des caractères défavorables sont éliminés, ceux qui sont à l'origine de traits favorables sont conservés et se répandent dans la population. À la longue, celle-ci tend à s'homogénéiser. Or, l'analyse fine des protéines montre au contraire une grande hétérogénéité. La théorie synthétique ne parvient que difficilement à expliquer ce maintien de la diversité.

Pour résoudre ce paradoxe, de nombreux chercheurs ont proposé des modèles « neutralistes » ne faisant pas (ou ne faisant que peu) intervenir la sélection naturelle ; le pouvoir explicatif de ces modèles (présentés abusivement comme « non darwiniens ») n'est pas parfait, mais ils ont le mérite de montrer combien la sélection naturelle, souvent considérée comme l'alpha et l'oméga de l'évolution, n'est en réalité qu'un facteur parmi d'autres.

Que l'évolution des espèces soit une aventure où le *hasard* a joué un rôle aussi important que la *nécessité* est un constat que renforcent les informations apportées depuis quelques décennies par la biochimie.

Sous le regard des biochimistes

Cette discipline nous donne un regard fondamentalement nouveau sur les espèces dont nous voulons préciser la plus ou moins grande ressemblance, l'objectif étant de reconstituer l'arbre généalogique de l'ensemble. Elle ne compare pas la couleur des pelages ou la forme des crânes, elle met en parallèle les structures de telle ou telle protéine dans plusieurs espèces.

Ces substances sont des rubans composés d'une suite d'acides aminés. Décrire une protéine, c'est énumérer les acides qui, sur tel ruban, se succèdent. Ainsi, les globules rouges du sang contiennent une protéine, l'hémoglobine, composée de quatre chaînes, deux chaînes dites « alpha », deux chaînes dites « bêta ». Chez l'homme comme chez le cheval, chaque chaîne alpha comporte 141 acides aminés. Mais les séquences ne sont pas identiques : les acides aminés sont les mêmes dans ces deux espèces en 123 positions, différents en 18 positions. L'hypothèse qui s'impose est que le cheval et l'homme sont les descendants d'une même espèce ancêtre et que des mutations intervenues depuis leur séparation se sont accumulées, provoquant ces 18 différences.

De même, la comparaison de ces chaînes d'hémoglobine permet de trouver 16 différences entre homme et bovins, 68 entre homme et carpe, 18 entre cheval et bovins, 66 entre cheval et carpe, enfin 65 entre bovin et carpe. L'ensemble de ces résultats permet d'ébaucher un arbre généalogique de ces quatre espèces. Sur le schéma I, les trois mammifères se sont séparés les uns des autres en A ; leurs ancêtres communs avaient divergé d'avec les poissons en B. Sur chaque segment de cet arbre est indiqué le nombre de mutations qui se sont fixées dans chaque espèce.

Des comparaisons semblables peuvent être effectuées pour de multiples protéines. Celle qui apporte le plus d'informations est le *cytochrome c* que l'on retrouve dans la plupart des espèces, car il intervient dans le processus de la respiration. Il permet d'esquisser un arbre généalogique, schéma II, où sont rassemblés les bactéries, les champignons, les végétaux et les animaux et où sont indiqués, sur les divers segments, les nombres des mutations intervenues d'une bifurcation à la suivante. En un seul schéma est ainsi décrite l'histoire de la totalité des êtres dits vivants.

Les comparaisons effectuées sur de multiples protéines peuvent être synthétisées en calculant des *distances génétiques* entre espèces prenant en considération l'ensemble des différences constatées. Il est alors possible de tracer des arbres généalogiques, en admettant que deux espèces descendent d'un ancêtre commun proche dans le passé lorsque cette distance est petite, d'un ancêtre commun éloigné si cette distance est grande. L'arbre III montre le résultat obtenu pour un ensemble de douze espèces.

Les données paléontologiques permettent par ailleurs de situer dans la dimension temps certaines des bifurcations représentées sur ces schémas. Ainsi, sur

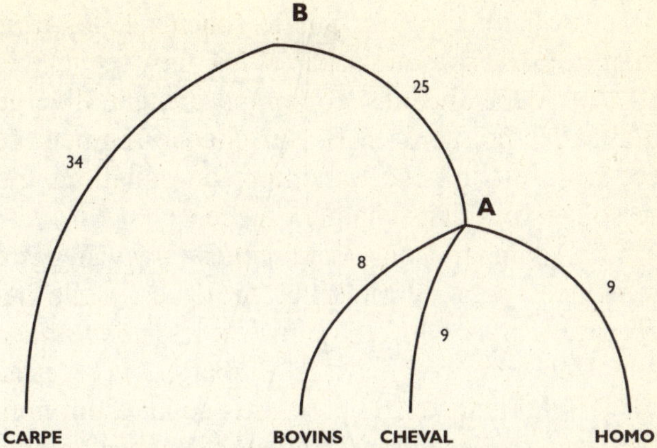

I. Mutations de la chaîne alpha de l'hémoglobine

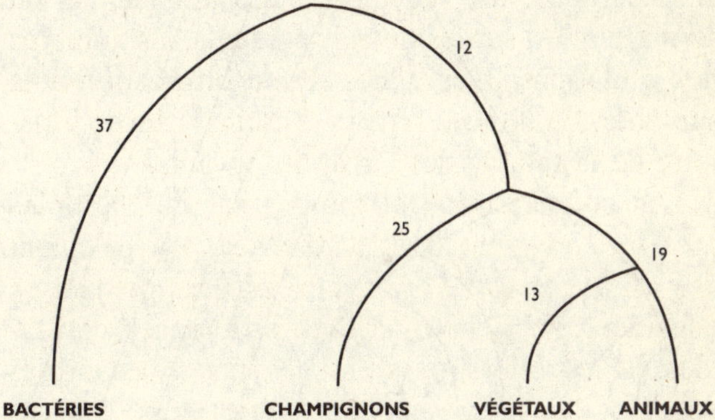

II. Mutations du cytochrome c

le schéma I le point A figurant la séparation des mammifères date d'environ soixante-dix millions d'années, le point B de trois cent cinquante millions d'années. Ces évaluations, basées sur de tout autres données que celles apportées par la biochimie, aboutissent à un constat inattendu : le rythme de fixation

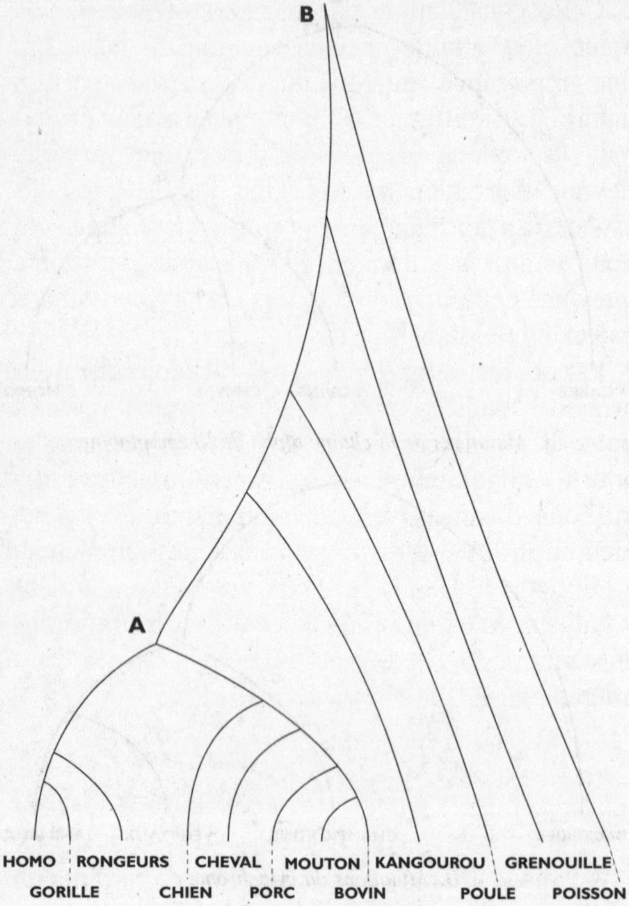

III. Distances génétiques

par les diverses espèces des mutations affectant la chaîne alpha de l'hémoglobine a été sensiblement constant tout au long de son évolution ; en moyenne, une mutation tous les huit millions d'années.

Cette constatation est en faveur d'une importance plus grande attribuée au rôle du hasard et une importance moindre au rôle de la sélection naturelle. En effet, si celle-ci était l'acteur principal, le rythme de l'évolution d'une protéine devrait normalement être plus rapide chez les espèces vivant dans un environnement changeant, donc soumises à des pressions variables du milieu, que chez celles vivant dans des conditions stables, par exemple dans l'océan.

Par contre, ce rythme est très différent selon les protéines étudiées : pour le cytochrome *c* les mutations se sont fixées quatre fois plus lentement que pour l'hémoglobine : une seulement tous les trente millions d'années. La sélection naturelle a donc bien eu un rôle, mais il a consisté principalement à éliminer dès leur apparition les mutations défavorables ; le tri qu'elle a effectué a eu lieu moins au cours de la vie des individus que dans les premières phases de leur développement.

Le regard des hommes sur eux-mêmes

Accepter le fait de l'évolution a entraîné un bouleversement de notre vision de nous-mêmes. La spécificité humaine ne résulte plus d'une nature fondamentalement différente, mais de quelques particularités – station debout, cerveau hypertrophié... – qu'un biologiste pourrait considérer comme marginales. Nous sommes réinsérés dans le flot des novations qui se sont succédé depuis l'apparition de notre planète ; nous devons l'admettre, notre espèce n'est qu'un des avatars de la prolifération de structures complexes toujours inédites.

Désormais, ce constat n'est guère l'objet de querelles ; celles-ci se sont déplacées vers un autre point : l'importance des rôles du hasard et de la nécessité dans l'évolution. L'aboutissement provisoire actuel de celle-ci est-il le résultat de déterminismes qui ne pouvaient qu'aboutir à ce résultat, ou de processus aléatoires aux issues indécises ? Ce problème pourrait rester affaire de spécialistes sans provoquer de discussions passionnées. Tel n'est pas le cas, car le choix d'un modèle de l'évolution a des conséquences pour notre opinion sur la dynamique de la société ; il a donc une connotation politique.

Le modèle *darwinien* présente l'évolution comme l'aboutissement d'une série de causes et d'effets ; le cheminement qui a mené au réel actuel était conduit par la nécessité. Les modèles *neutralistes* font au contraire la part belle à une démarche erratique qui aurait pu bifurquer vers de tout autres résultats.

Remarquons tout d'abord que ces deux visions ne sont pas totalement opposées, car l'enchevêtrement de multiples causes peut avoir le même résultat que l'intervention du hasard. Un exemple en est donné par l'aventure de notre propre espèce. Elle s'était séparée des autres primates depuis quelques millions d'années, lorsqu'un changement de climat a rendu habitable pour elle la savane africaine. Alors que dans la forêt son incapacité à vivre dans les arbres était un grave handicap, dans la savane sa bipédie était un avantage décisif, face notamment aux chimpanzés incapables de marcher sur de longues distances. La sélection naturelle, qui leur était, dans un premier temps, plutôt défavorable, a alors avantagé nos ancêtres et joué un rôle positif important à ce stade de leur évolution. Mais le changement de climat intervenu alors était le résultat d'événements sans aucun lien avec notre propre histoire : des éruptions volcaniques ont fermé l'isthme de Panama et empêché l'eau de l'Atlantique de se déverser dans le Pacifique, d'où la mise en place du Gulf Stream apportant des pluies sur l'Afrique. Comment qualifier autrement que de « hasard heureux » ce changement des conditions dans lesquelles opérait la sélection ? (Il est possible de qualifier ce hasard de providentiel plutôt que d'heureux ; mais c'est là faire référence à une Providence que la science ignore, puisqu'elle n'en peut rien dire.)

Introduire l'aléatoire dans l'évolution n'est donc nullement antidarwinien, pourtant l'opposition aux modèles neutralistes est parfois passionnée ; il s'agit moins, en fait, d'arguments scientifiques que du désir de trouver dans la nature une justification de la structure de notre société.

Darwin montrait que la loi de la nature est la lutte pour la survie. L'adaptation des espèces à leur milieu, et finalement leur amélioration, ont pour prix, selon lui, l'élimination de ceux qui sont les moins aptes à l'emporter sur les autres. La nature n'a pas de sentiments, mais elle nous donne une leçon ; nous devons en tirer profit en adoptant une organisation sociale fondée sur la lutte. La compétition est le moteur du progrès biologique, elle doit être le moteur du progrès social !

Cette vision de la nécessaire compétition a ainsi été transposée du domaine des espèces animales ou végétales à celui des sociétés humaines : si dure soit-elle parfois, cette compétition, cette loi du plus fort, doit être acceptée au nom de l'intérêt général à long terme. Rapidement s'est ainsi développé un *darwinisme social* appliquant dans les rapports entre collectivités et entre individus le *vae victis* des Romains. La science venait ainsi apporter sa caution à une structure sociale engendrant nécessairement de terribles inégalités.

On comprend que la société victorienne du milieu du XIXe siècle ait bien accueilli la nouvelle théorie. L'ouvrage de Darwin *L'Origine des espèces* paru en 1859 a été aussitôt lu et commenté par la société britannique éduquée. Un siècle et demi plus tard, toute tentative de remise en cause est perçue comme motivée par le désir de saper l'ordre établi.

L'article de Mendel sur la procréation est paru seulement six ans plus tard ; il apportait la clé d'un mystère qui avait, depuis des millénaires, résisté à toutes les tentatives d'explication. Mais personne, nous l'avons vu, ne comprit la portée de cette découverte ; elle est restée ignorée malgré les efforts de l'auteur pour attirer l'attention sur ses résultats. L'essence de son apport était l'intervention de l'aléatoire dans la transmission biologique. C'est de cet apport que les modèles *neutralistes*, avec un siècle de retard, tentent de tenir compte. Ils montrent que, pour une grande part, le parcours de l'évolution est le fruit du hasard car il a comporté de multiples bifurcations explorant des voies aux chances incertaines. Comment alors espérer y trouver des leçons pour nos sociétés ?

Paul Valéry fait remarquer que l'histoire des hommes donne des exemples de tout et ne peut, par conséquent, donner de leçon sur rien. Le réalisme conduit à admettre qu'il en est de même de l'histoire des espèces. La société basée sur la lutte, que certains présentent comme nécessaire au bien commun, perd ainsi une illusoire justification.

FINALITÉ, DÉTERMINISME, HASARD

Depuis que Jacques Monod en a fait le titre d'un livre retentissant, l'association du « hasard » et de la « nécessité » est présente dans tous les esprits. Ces deux mots forment un couple indissociable et antagoniste aussi définitivement lié, par la vertu d'un titre sur une couverture, que « le rouge et le noir », « l'être et le néant » ou « Dr Jekyll et Mr Hyde ». Cette accointance nous incite à définir chacun des membres du couple par référence à l'autre, au risque d'un cheminement circulaire semblable à celui des dictionnaires lorsqu'ils définissent, par exemple, la vie comme « le propre des êtres qui sont nés et ne sont pas encore morts » et la mort comme « la cessation de la vie ». Le *hasard* serait-il seulement ce qui reste lorsque l'on a épuisé la liste des facteurs participant à la *nécessité*, et la *nécessité* ce qui reste lorsque le *hasard* n'intervient plus ? Une définition moins tautologique est évidemment nécessaire ; elle va mettre en évidence l'intervention d'un troisième terme, la *finalité*.

Ces concepts s'introduisent à propos des attitudes possibles lorsque nous cherchons à expliquer les événements dont nous sommes les témoins. Nous pouvons admettre qu'ils sont la conséquence *nécessaire* de l'état du monde à l'instant où ils se produisent, état qui résulte de son histoire antérieure ; le présent est alors le produit du passé. Nous pouvons aussi renoncer à chercher un rapport entre ces événements et les conditions de leur survenue ; le présent n'est alors que le produit sans cause de lui-même, l'œuvre du *hasard*. Nous pouvons enfin admettre qu'ils ont eu lieu pour rendre possible un événement futur, qu'ils sont au service d'une *fin* ; le présent est alors le produit de l'avenir.

Ces trois termes : nécessité, hasard, finalité, sont donc la traduction de notre opinion sur le sens dans lequel agit la flèche du temps.

De la pensée magique à Démocrite

La réponse la plus simple, lorsque nous essayons de comprendre ce qui se passe autour de nous, est d'admettre que tout événement est le résultat des décisions d'un être puissant et inconnu. Nous ne sommes plus intrigués par la tempête si nous l'attribuons à une colère de Poséidon, par la foudre si elle est une manifestation de la puissance de Zeus. Tout ce qui survient dépend des volontés ou des caprices des dieux. Ceux-ci sont décrits comme des personnages semblables aux humains ; ils sont animés par des intentions, par le désir de parvenir à un résultat. La pensée magique est donc fondamentalement finaliste : elle admet que le présent est au service d'un futur choisi par une divinité.

L'avantage de cette vision est de fournir une explication de tout ; il suffit, lorsque les divinités déjà en place dans le panthéon collectif ne sont pas suffisantes, d'ajouter de nouveaux personnages. Le prix à payer est d'accepter une attitude de soumission, car si tout dépend des dieux, chacun de nous en est le jouet.

C'est le refus de cette soumission qu'exprime la phrase de Démocrite qui a inspiré son titre à Jacques Monod : « Tout ce qui existe dans l'univers est le fruit du hasard et de la nécessité. » Que pouvaient signifier ces mots pour un philosophe grec quatre siècles avant Jésus-Christ ?

Le sens de cette affirmation doit être cherché moins dans les deux termes énoncés que dans l'absence du troisième. En fait, en omettant de citer la finalité, Démocrite récuse l'influence des dieux.

Il propose de rendre compte de la succession des événements en admettant certaines régularités, les « lois de la nature », qui à chaque instant transforment l'état du monde, et qui participent à la *nécessité* ; mais il reconnaît que ces lois n'expliquent pas tout ; force est de constater qu'une part des faits échappe à leur rigueur ; cette part est attribuée au *hasard*.

De l'action des dieux, de la finalité qu'ils introduisent, il n'est plus question. Ce faisant, Démocrite fonde l'attitude scientifique.

Celle-ci consiste à tenir compte d'une évidence : l'avenir n'a pas d'existence, il est donc exclu de tenir compte de lui pour expliquer le présent. Les efforts de compréhension produits par les scientifiques seraient rendus stériles au départ s'ils admettaient qu'un fait se produisant aujourd'hui puisse être expliqué par la réalité de demain.

Il ne s'agit pas là d'une croyance à imposer, mais d'une règle du jeu à respecter. Il est parfaitement possible d'admettre que tout fait résulte de la volonté d'un Dieu (ou de dieux) veillant à la réalisation du programme qu'Il a (ou qu'ils ont) adopté, et intervenant, en permanence ou par impulsions, pour atteindre la fin qu'Il a (qu'ils ont) décidée. Rien ne peut prouver que cette hypothèse « finaliste » est fausse. Mais l'accepter est rendre vaine toute tentative d'explication rationnelle des faits observés. Entrer dans le cheminement scientifique, c'est prendre pour règle de ne pas y recourir.

Cette attitude consiste à regarder le monde réel avec la volonté de le déchiffrer, à se sentir simultanément immergé en lui et face à lui, à lui poser des questions en sachant que les réponses seront souvent provisoires et toujours partielles. Choisir cette voie manifeste une orgueilleuse volonté d'autonomie. Certes, il faut en payer le prix de doutes, de tâtonnements, de frustrations, mais elle procure aussi (à vrai dire depuis peu) de magnifiques récompenses. Comprendre l'enchaînement des causes et des effets permet parfois de modifier leur succession et d'engager la suite des événements dans une direction que la nature n'aurait pas spontanément suivie. L'exemple le plus clair est celui des maladies ; comprendre leur cause permet de plus en plus souvent de les guérir, alors que nous en étions autrefois réduits aux incantations ou aux remèdes empiriques. Nous savons, grâce à la science, sauver des vies : si le roi est à l'agonie, une piqûre d'antibiotiques (attitude se référant à la nécessité) peut être plus efficace que l'attitude finaliste des chants implorant « God save the King ».

On comprend l'émotion ressentie par Jacques Monod en découvrant Démocrite : c'est le programme de la science que celui-ci a tracé il y a vingt-quatre siècles.

Les déguisements de la finalité

Certains raisonnements scientifiques donnent, à vrai dire, l'impression de suivre une démarche finaliste. Tel est le cas lorsque le processus étudié est présenté comme tendant vers un certain objectif, notamment vers l'optimisation de tel ou tel paramètre. Ainsi, selon la mécanique classique, le cheminement d'un système matériel pour passer d'un état initial à un état final est expliqué par le *principe de moindre action* : la trajectoire suivie par les divers éléments de ce système est celle qui rend minimale la somme des « actions » nécessaires. (Ce concept d'action est défini à partir de celui d'impulsion, c'est-à-dire du produit de la masse par la vitesse : un objet de masse *m* et de vitesse *v* a une impulsion p = mv ; lorsque cet objet parcourt la longueur *l*, son action A est définie par A = pl = mvl.)

Tout se passe comme si, face aux multiples possibilités de changements qui s'offrent à elle, la structure concrète choisissait la trajectoire correspondant à l'action globale la plus faible. L'introduction d'un choix dans le raisonnement est équivalente à l'acceptation d'un objectif, donc au recours à la finalité.

L'exemple classique est celui de la réfraction d'un rayon lumineux lorsqu'il passe d'un milieu dans un autre ; son parcours rectiligne est alors brisé. Ce changement d'orientation est expliqué en recourant au concept d'indice de réfraction : les angles d'incidence et de réfraction (c'est-à-dire les angles *i* et *r* du rayon lumineux avec la perpendiculaire à la surface de séparation) sont tels que

$\sin i / \sin r = n_r / n_i$

où n_i et n_r sont les indices de réfraction des deux milieux. Mais une telle présentation est plus une définition des indices de réfraction qu'une explication des causes du phénomène.

Ces causes peuvent être recherchées dans le fait que la lumière n'a pas la même vitesse dans les deux milieux et que le parcours choisi est celui qui rend minimal le temps total du parcours.

Pour comprendre le comportement du rayon lumineux, le physicien Richard Feynman imagine un homme assis sur une plage et qui voit soudain dans la mer un enfant en difficulté ; il faut vite lui porter secours, sinon il risque de se noyer. Pour être efficace, cet acteur ne doit pas se précipiter en ligne droite vers l'enfant, ce qui est le trajet le plus court, mais faire un détour de façon à allonger son trajet sur le sable, où il peut courir vite, et raccourcir celui dans l'eau, où sa nage est lente. De même, un rayon lumineux allant d'un point A dans l'air à un point B dans l'eau ne suit pas la ligne droite AB mais fait un détour par le point C, car sa vitesse c_i dans l'air est plus grande que sa vitesse c_r dans l'eau.

Un calcul simple (voir encadré ci-dessous), mais qui fait appel au concept de différentielle d'une fonction trigonométrique, permet de caractériser la position du point C minimisant la durée totale du parcours par la relation

$$\sin i / \sin r = c_i / c_r$$

On constate ainsi que les indices de réfraction, introduits empiriquement pour expliquer le phénomène observé, sont en fait reliés à une réalité physique : la vitesse de la lumière qui varie selon les milieux.

Mais l'important pour notre propos est que le raisonnement tenu est parfaitement finaliste, et la métaphore imaginée par Feynman le montre à l'évidence : l'homme de la plage a un objectif, arriver le plus vite possible. Faut-il admettre que la lumière a une attitude semblable et que les photons, avant de quitter le point A, font les calculs définissant le point C vers lequel ils doivent se diriger, pour ensuite obliquer vers B ? Telle n'est évidemment pas l'intention du physicien ; il constate que tout se passe comme si la nature avait un objectif, mais cette apparence n'est que le résultat de la multiplicité des causes en action.

De même, Newton se gardait d'affirmer que « les masses s'attirent » ; il se contentait de constater que tout se passe comme si elles s'attiraient. Avec la théorie de la relativité générale d'Einstein, cette apparence trouve une explication qui ne fait plus appel à une quelconque « attirance », mais à une courbure de l'espace.

Chaque fois qu'un processus est expliqué par la recherche d'un optimum, le « péché de finalisme » est effectivement commis, car le raisonnement revient à admettre que la nature fait un choix entre plusieurs attitudes possibles et qu'elle dispose d'un critère faisant référence à l'état futur de la réalité. Pour rester fidèle à la règle du jeu de la science, il est essentiel de ne pas oublier le « tout se passe comme si », qui est un aveu d'ignorance, donc une incitation à poursuivre la recherche.

Soient deux points A et B l'un dans l'air, l'autre dans l'eau, à la distance 1 de la surface de séparation. L'expérience montre que pour aller de A à B, un rayon lumineux ne suit pas le chemin le plus court, la ligne AB, mais fait un détour par le point C, où il fait un angle d'incidence *i* et un angle de réfraction *r* avec la verticale. Si c_i et c_r sont les vitesses de la lumière dans l'air et dans l'eau, la durée du parcours est

$$T = \frac{l_i}{c_i} + \frac{l_r}{c_r}$$

La trigonométrie élémentaire permet d'écrire

$$T = \frac{1}{c_i \cos_i} + \frac{1}{c_r \cos r}$$

Un petit déplacement du point C entraîne des variations Δi et Δr des angles *i* et *r* et une variation ΔT de T égale à

$$\Delta T = \frac{\sin i}{c_i \cos^2 i} \Delta i + \frac{\sin r}{c_r \cos^2 r} \Delta r$$

Ce déplacement de C ne change pas la longueur ab, donc

$$\overline{ab} = \text{tg}i + \text{tg}r$$

$$\Delta (\overline{ab}) = \frac{\Delta i}{\cos^2 i} + \frac{\Delta r}{\cos^2 r} = 0$$

Si les angles *i* et *r* sont tels que

$$\frac{\sin i}{c_i} = \frac{\sin r}{c_r}$$

On obtient $\Delta T = 0$, situation qui correspond à un minimum de la durée T.

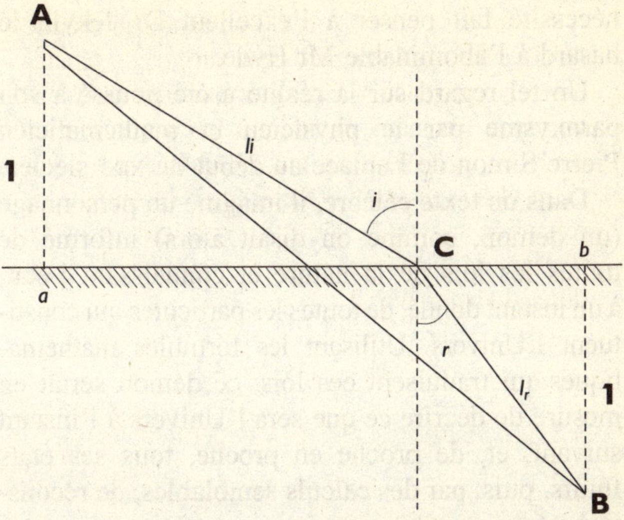

De Démocrite à Laplace

Malgré la tentation permanente d'une attitude finaliste, la recherche de processus ne faisant appel qu'au déterminisme a obtenu de remarquables succès. Ils ont incité non seulement à récuser la finalité, mais aussi à réduire autant que possible le rôle du hasard. Celui-ci n'est vu que comme une conséquence de notre ignorance, une *terra incognita* provisoire dans notre description des enchaînements de cause à effet. Nous sommes enclins à n'attribuer d'importance qu'au seul acteur véritablement sérieux, le déterminisme qui fait, sans états d'âme, se succéder les événements dans une séquence rigoureuse. Le hasard n'est qu'un trublion dont la disparition est souhaitée. La nécessité fait penser à l'excellent Dr Jekyll, le hasard à l'abominable Mr Hyde.

Un tel regard sur la réalité a été poussé à son paroxysme par le physicien et mathématicien Pierre Simon de Laplace au début du XIXe siècle.

Dans un texte célèbre, il imagine un personnage (un démon, comme on disait alors) informé de toutes les lois de la nature et connaissant l'état, à un instant donné, de toutes les particules qui constituent l'Univers. Utilisant les formules mathématiques qui traduisent ces lois, ce démon serait en mesure de décrire ce que sera l'Univers à l'instant suivant, et, de proche en proche, tous ses états futurs, puis, par des calculs semblables, de reconstituer tous ses états passés.

Dans la pensée de Laplace, l'Univers est réellement semblable à l'horloge dont Voltaire cherchait l'horloger ; chaque rouage en est dépendant de tous les autres, que ce soit dans l'espace ou dans la durée. Connaître un lieu ou connaître un instant du cosmos, c'est être capable de connaître la totalité de son déploiement dans l'espace et la totalité de son histoire passée et à venir. La réalité d'aujourd'hui contient celle d'hier et celle de demain ; l'univers est comme enfermé dans une trajectoire préétablie dont il ne peut s'échapper ; le passage du temps ne fait que révéler ce qui était jusqu'alors caché sans rien apporter de fondamentalement nouveau.

Cette vision correspond assez bien à celle que nous retirons d'un premier regard sur ce qui nous entoure. À quelques détails près, l'univers semble immuable. « Il n'y a jamais rien de nouveau sous le soleil. Tout est vanité et poursuite du vent », dit l'Ecclésiaste.

Que l'Univers soit stable, figé dans un état définitif, paraît, en un premier temps, plutôt rassurant, tout au moins dans la mesure où nous nous regardons nous-mêmes comme simplement de passage, d'une autre nature que le monde réel. Mais, dès que nous admettons que nous en sommes un élément, il nous faut assumer le même statut et, par conséquent, perdre tout espoir de liberté.

Cette vision d'un monde sur lequel le temps n'a aucune prise, dont l'avenir est contenu dans le présent, est homogène à celle de la « prédestination » développée dans le domaine spirituel par Jean Calvin. Pour ce théologien, tout, y compris le salut éternel de chacun, a été décidé dès le jour de la Création. Pour le physicien qu'est Laplace, ce n'est pas du salut des âmes qu'il est question, mais son raisonnement aboutit au même constat pour le devenir du monde concret, dont chaque individu fait partie. Faut-il alors, au nom de la lucidité scientifique, accepter que la liberté tant célébrée ne soit qu'une chimère de poète ?

De Laplace à Poincaré

Le déterminisme à la Laplace joue le rôle d'un véritable rouleau compresseur qui écrase toute velléité d'autonomie. Pour sauvegarder, sans contredire la rigueur scientifique, un domaine où puisse s'exercer le libre arbitre, certains philosophes ont proposé d'introduire par un autre biais le concept de hasard. Il n'est plus regardé comme un acteur intervenant dans le déroulement des événements ; il résulte simplement du constat que ce déroulement ne peut être totalement expliqué. Ainsi Augustin Cournot, au milieu du XIXe siècle, fait remarquer que la rencontre de séries causales indépendantes génère des conséquences imprévisibles. Son apologue est célèbre du personnage qui décide soudain de sortir de chez lui, malgré la pluie, pour aller acheter des timbres, et du couvreur qui, sur le toit de la maison voisine, laisse tomber une tuile : mouillée, elle glisse de ses mains. Le personnage reçoit la tuile sur la tête « par hasard », car cet événement est certes le résultat de déterminismes rigoureux, mais dont les points de départ (décision de sortie, maladresse du couvreur, pluie...) sont sans liens les uns avec les autres.

En fait, cette indépendance n'est que le reflet d'une méconnaissance des détails des événements. Dans un Univers supposé rigoureusement soumis au déterminisme, cette indépendance ne peut exister, puisque toutes les séquences causales ont une origine commune (le big bang avec la cosmologie actuelle). Le raisonnement d'Augustin Cournot n'est donc pas un argument décisif contre l'hypothèse laplacienne ; le déterminisme total n'est pas rendu impossible. Le mot hasard est simplement introduit à propos du constat de l'impossibilité de prévoir provoquée par l'insuffisance de nos informations ; il est synonyme d'*imprévisibilité*.

Cette notion a reçu à la fin du siècle un appoint décisif du mathématicien Henri Poincaré à l'occasion de ses recherches en vue de résoudre un problème posé par Newton. Celui-ci avait montré comment l'attraction gravitationnelle telle qu'elle est décrite par sa célèbre formule oblige chaque planète à parcourir une ellipse autour du Soleil. Mais ce raisonnement ne prend en compte qu'une partie des forces en jeu. Dans le cas de la Terre, il faudrait faire intervenir non seulement l'attraction Terre-Soleil, mais aussi pour une meilleure approximation les attractions Terre-Lune et Lune-Soleil. Pour décrire sa trajectoire, il faut donc trouver la solution simultanée de trois équations, une tâche que Poincaré (qui se savait le meilleur mathématicien de son époque) a cru pouvoir accomplir.

Il n'a pu obtenir la solution de ce problème dit « des trois corps » ; mais il a trouvé beaucoup mieux : il a démontré que cette solution n'existe pas. Quels que soient les progrès que pourront faire les mathématiciens, ils ne pourront jamais proposer des formules indiquant les positions réciproques de ces trois objets en fonction du temps écoulé. Cela est possible dans le cas de deux objets reliés par une force gravitationnelle, cela est impossible lorsqu'il y en a trois ou plus. Si vous admettez que l'espace est occupé uniquement par le Soleil et la Terre, vous pouvez décrire par une équation l'ellipse que décrira sans fin la Terre et calculer sa position sur cette ellipse dans T années ; si grand que soit ce nombre T, la formule sera exacte. Mais si vous tenez compte des perturbations provoquées par la présence de la Lune, aucune formule ne sera jamais disponible.

Bien sûr, une solution approchée peut être proposée, mais l'écart entre la prévision et la réalité augmente avec la durée ; il vient un moment où cet écart est si important que la prévision n'a plus de sens. Il est parfaitement possible de calculer, en tenant compte de l'influence gravitationnelle de la Lune, la position de la Terre dans mille ou dix mille années ; mais si l'on poursuit jusqu'à plusieurs centaines de millions d'années, l'erreur est de l'ordre de grandeur de la distance Terre-Soleil.

En effet, les équations qui permettent de calculer la position de la Terre au début de l'année *n* en fonction de sa position au début de l'année n-1 sont telles que, si une erreur est commise sur celle-ci, une erreur un peu plus grande sera commise sur celle-là. Peu à peu, l'erreur grandit à mesure que la prévision concerne une année plus éloignée. D'après Ivar Ekeland[9], le coefficient multiplicateur est très faible : 1,00000025 chaque année ; mais son effet est dévastateur pour les prévisions lointaines. Une erreur de, disons, un mètre sur la position actuelle de la Terre devient une erreur de $1{,}00000025^{100000} = 1{,}025$ mètre dans cent mille ans, ce qui n'est guère inquiétant, mais de $1{,}00000025^{100000000} = 72\ 004\ 674$ km dans cent millions d'années, soit la moitié de la distance Terre-Soleil. La prévision n'a donc aucune signification.

Ce que nous montre Poincaré est que l'enchevêtrement des causes, même si celles-ci sont toutes aussi rigoureusement déterministes que la gravitation telle que la décrit la formule de Newton, débouche sur l'imprévisibilité à long terme. Il ne s'agit plus, comme avec Cournot, d'indépendance entre les cheminements de cause à effet, mais de l'intervention simultanée de plusieurs interactions.

De Poincaré à Planck

Comme les interactions sont innombrables, l'avenir lointain est définitivement inconnaissable. Mais pour autant, est-il indéterminé ? Poincaré montre qu'une limitation de notre technique de mesure entraîne l'impossibilité de prévoir, il ne montre pas qu'elle est inhérente au monde réel. Après tout, il suffirait de commettre une erreur initiale rigoureusement nulle pour que le coefficient multipliant cette erreur année après année ne puisse avoir d'effet.

Certes, nous ne pouvons pas savoir « où va le monde », mais nous pouvons admettre que son chemin est déjà tracé, car pour lui le concept d'erreur initiale n'est pas applicable. « Tout est écrit », dit la sagesse populaire. L'apport de Poincaré ne suffit donc pas à nous faire échapper à l'enfermement dans un Univers figé.

Comment concilier cette vision qui se veut scientifique avec l'affirmation et la défense d'une possible liberté humaine ?

Heureusement pour ceux qui donnent le plus grand prix à cette liberté, cette vision étouffante n'est plus celle que nous propose la science. La physique quantique, développée à partir d'une hypothèse proposée par Max Planck en 1900, a pris en compte le caractère « granulaire » de la plupart des caractéristiques décrivant le monde réel. La longueur, la masse, et même la durée ne peuvent être non seulement mesurées mais définies en dessous d'un certain seuil : compte tenu de la nature même de notre univers, aucune longueur plus petite que $1{,}6.10^{-33}$ cm, aucune masse inférieure à $2{,}2.10^{-5}$ gramme, aucune durée moindre que 5.10^{-44} seconde ne peut avoir d'existence. Il ne s'agit pas d'une limite technique provisoire que des progrès dans la précision de nos instruments permettraient de repousser ; il s'agit de la structure même de la réalité du monde où nous vivons.

Même dans l'hypothèse où les lois de la nature seraient totalement déterministes, elles s'exercent sur une réalité qui ne peut être définie qu'avec une certaine marge d'incertitude, ce qui implique à long terme l'impossibilité de déduire l'aboutissement du point de départ. En tenant compte à la fois de l'apport de Poincaré et de l'apport de Planck, nous pouvons affirmer que « le cosmos ne peut pas savoir où il va », son chemin n'est pas tracé. Le déterminisme n'exclut pas l'indétermination.

Un espace de liberté est donc possible. À nous de l'occuper.

QUELQUES OUTILS
à mettre entre toutes les mains

Les outils scientifiques évoqués ici ne sont pas les instruments utilisés dans les laboratoires, si complexes parfois que seuls savent les manipuler des techniciens entraînés ; ce sont simplement certains procédés de calcul qui permettent de gagner un temps précieux en faisant une fois pour toutes quelques raisonnements fréquemment utilisés. Il suffit d'avoir pris la peine de tirer avec rigueur les conséquences d'un ensemble d'hypothèses pour pouvoir, lorsqu'une difficulté identique est rencontrée, passer d'un bond de ces hypothèses aux conclusions sans avoir à parcourir explicitement toutes les étapes intermédiaires. Ces blocs de raisonnement tout préparés, offerts principalement par les mathématiciens, sont semblables à l'outillage personnel que tout futur artisan se constitue au cours de son apprentissage et qu'il garde précieusement tout au long de ses années de métier.

Semblables aux « maîtres » d'autrefois qui prenaient un malin plaisir à cacher certains de leurs tours de main ou à ne les dévoiler qu'à quelques-uns de leurs apprentis, les enseignants d'aujourd'hui sont tentés de présenter ces outils logiques de façon telle que seuls les plus « doués » de leurs élèves les comprennent. Ils sont encouragés dans cette attitude par une société qui ne rêve que de hiérarchie et d'efficacité.

J'ai cherché au contraire ici à montrer que ces instruments logiques peuvent être utilisés par tous, même si leur usage demande un apprentissage plus ou moins long selon la préparation de chacun. Nous ne portons pas de jugement définitif sur le jeune ouvrier qui a de la peine à se servir d'un palmer (ou sur le professeur chevronné qui peine plus encore en utilisant un ordinateur). Pourquoi rejeter parmi les incapables ceux qui butent sur quelques théorèmes ?

Car c'est surtout à propos des maths que cette attitude élitiste se manifeste. En les utilisant comme moyen de sélection, le système éducatif commet un véritable péché contre l'esprit ; il réserve leur usage à quelques privilégiés, alors qu'il s'agit d'exercices accessibles à tous. La majorité est ainsi privée d'outils qui peuvent rendre des services dans tous les domaines, et à tous ceux qui cherchent à comprendre le monde qui les entoure, pas seulement aux ingénieurs ou aux pratiquants des sciences dites dures. J'en propose ici quelques exemples à propos :

– des logarithmes, qui ne sont pas seulement une astuce permettant de faciliter les calculs, mais qui permettent une vision renouvelée de certaines réalités ;

– du coefficient de corrélation, qui est à la source de tant d'erreurs de raisonnement ;

– des nombres dits « imaginaires », dont la présentation semble souvent n'avoir pour but que de décontenancer les élèves et de leur faire croire que, décidément, ils « ne sont pas faits pour les maths » ;

– de la notion de dimension, qui peut rendre de grands services et qui n'est qu'à peine esquissée devant les lycéens ;

– du raisonnement probabiliste, qui n'est présenté que comme un calcul alors qu'il s'agit d'une attitude permettant la rigueur face à une réalité mal connue.

Enfin sera évoqué un outil détourné si souvent de sa véritable finalité : l'examen. Il devrait être l'occasion d'une rencontre supplémentaire entre enseignant et enseigné, il est ravalé au rang d'un épisode dans le processus de sélection.

LOGARITHMES

Voici un mot difficile à prononcer, source de fautes d'orthographe et surtout ravivant de mauvais souvenirs chez ceux qui ont manipulé autrefois au lycée les « tables de log ». La justification de ces manipulations était le remplacement des multiplications et des divisions, souvent fastidieuses et sources d'erreurs, par des additions ou des soustractions moins laborieuses.

L'idée de cette astuce mathématique date du XVIe siècle, lorsqu'un certain John Napier, ou Neper, personnage écossais qui avait à réaliser de nombreux calculs, fit la remarque suivante : multiplions *m* fois par lui-même un nombre positif *a*, on obtient un nombre $X = a^m$, de même *n* multiplications successives donnent $Y = a^n$; multiplier X par Y revient à multiplier (m + n) fois le nombre *a* par lui-même, d'où

$$X \times Y = a^{m+n}$$

Dans cette égalité, l'opération représentée par le terme de gauche est une multiplication, par celui de droite une addition. Pour multiplier deux nombres, il suffit donc :

– de connaître les exposants *m* et *n* qui leur

correspondent, dénommés par Napier leurs « logarithmes de base a »,

– de les additionner pour obtenir le nombre $p = m + n$

– et de chercher le nombre Z dont le logarithme est le résultat *p* de cette addition.

Avec des tables, calculées une fois pour toutes, donnant la correspondance entre tout nombre X et son logarithme *m*, cette série d'opérations est rapide.

Il est clair que, de la même façon, la division de X par Y s'écrit

$X/Y = a^{m-n}$

Il faut donc, pour diviser, soustraire le logarithme du dénominateur du logarithme du numérateur.

Aujourd'hui, les calculettes donnent instantanément le résultat des calculs les plus complexes. Plus personne n'a besoin d'utiliser la technique de John Napier ; les tables de log ont disparu des cartables des lycéens et le concept même de logarithme est passé de mode. Tant mieux pour les élèves, mais cet oubli est regrettable, car ce concept peut être l'occasion de réflexions utiles qui vont bien au-delà d'une astuce facilitant les calculs.

De zéro à l'infini

Supposons que la base choisie soit a = 10. Le logarithme du nombre 10 est donc 1, celui de 100 est 2, celui de 1 milliard est 9... Plus grand est le nombre, plus grand est son logarithme, mais la progression de celui-ci est beaucoup plus lente que celle du nombre : lorsque le nombre est multiplié par 10, son logarithme augmente seulement d'une unité.

Le logarithme de 1 est 0, car on peut écrire $1 = 10/10$, donc $\log(1) = 1-1 = 0$. Quant aux nombres inférieurs à 1, leur logarithme est négatif ; ainsi $\log(0{,}1) = \log(1/10) = 0 - 1 = -1$; $\log(0{,}0001) = -4$... Plus le nombre est petit, plus son logarithme a une valeur négative élevée, mais si grande soit celle-ci, le nombre 0 ne peut être atteint. Il est classique d'en déduire que « le logarithme de 0 est moins l'infini », mais c'est là une phrase qui écarte le problème en introduisant un mot, l'« infini » ; or, ce mot recèle bien des ambiguïtés, puisque l'on peut définir une infinité d'infinis plus riches d'éléments que la suite « infinie » des nombres entiers. Mieux vaut dire qu'il n'y a pas de logarithme de 0.

La correspondance entre un nombre positif et son logarithme peut être décrite par la courbe jointe (page 160) ; elle montre que cette correspondance est sans ambiguïté, connaître l'un permet de connaître l'autre. La différence essentielle est leur domaine de variation ; pour le nombre, ce domaine a pour limite inférieure 0 et n'a pas de limite supérieure, pour le logarithme il n'a ni limite inférieure ni limite supérieure. Passer d'un nombre positif à son logarithme ou réciproquement, ce qui est toujours possible puisque leur correspondance est rigoureuse, permet donc de modifier les limites du domaine exploré, et parfois de résoudre ce qui peut apparaître comme un paradoxe. Voici deux exemples.

Lorsque nous avons appris que la température d'un objet ne pouvait descendre au-dessous de –273 degrés centigrades, nous avons été choqués par cette frontière indépassable. Avec quelques moyens techniques nouveaux, pourquoi ne pourrait-on pas atteindre –274 ou –275 degrés ? Impossible, nous répond-on, et pour clore le sujet, on remplace la mesure de la température ordinaire en degrés Celsius par la « température absolue T », dont le 0 correspond au –273 de la première. Cette température absolue ne peut donc, par définition, être négative. Mais ce n'est pas le recours au terme « absolu » qui supprime la difficulté. En fait, la question est mal posée et n'a de sens qu'en fonction de la définition de la température, or cette définition est arbitraire. Il suffit de définir la température comme le logarithme de T pour que sa plage de variation soit sans limite ; à mesure que T se rapproche de 0, ce logarithme devient de plus en plus grand en valeur absolue ; et la tentation disparaît d'imaginer un au-delà du 0, qui correspondrait à un au-delà de l'infini du logarithme.

De même, un changement de l'échelle de mesure de la durée permet d'échapper au paradoxe de l'« avant-big bang ». En effet, le constat de l'expansion actuelle de l'Univers conduit à l'hypothèse que cet Univers avait hier une dimension plus petite qu'aujourd'hui, avant-hier plus petite encore, et que, il y a quelque quinze milliards d'années, il avait une dimension nulle et une densité infinie. Cette façon de situer ainsi l'origine du cosmos incite à poser la question : « Qu'y avait-il il y a seize milliards d'années ? » Cette question ne serait pas posée si l'âge de l'Univers n'était pas mesuré par la durée D écoulée depuis cette origine, mais par son logarithme. Le big bang serait repoussé vers un passé infiniment lointain, et personne n'évoquerait un « avant ».

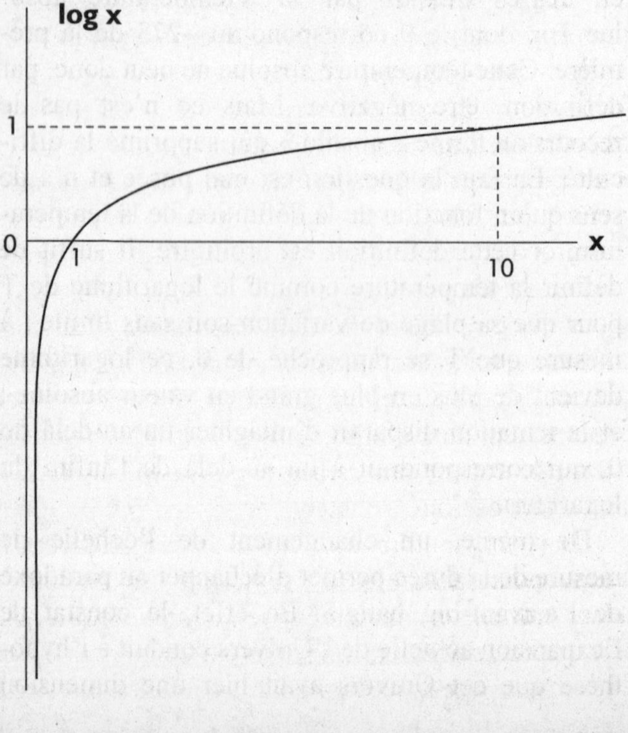

Cette façon de compter est d'ailleurs cohérente avec les discours des astrophysiciens lorsqu'ils décrivent les premiers instants du cosmos. Assez facilement, ils nous fournissent des informations sur les premières minutes, mais il leur faut beaucoup d'efforts pour décrire les premières secondes, puis les premières millisecondes, puis les nanosecondes ; leur progression est réellement logarithmique, et il est exclu qu'ils atteignent un jour l'instant zéro. En mesurant le temps par le logarithme de D, cet instant est reporté à l'infini dans le passé ; il n'a pas, dans notre représentation de la succession des événements, d'existence réelle, et les instants précédents moins encore.

De l'excitation à la sensation

D'un point de vue moins grandiose, ce changement d'échelle permet une description plus pertinente de notre propre parcours dans le temps. La perception que nous avons de la durée écoulée est, de toute évidence, différente de ce que mesurent les horloges. Sans évoquer la lenteur du temps durant les périodes d'attente et sa rapidité durant les instants de bonheur, constatons que l'effet de l'âge est particulièrement évident sur la perception de la durée ; à mesure que cet âge avance, le temps semble s'accélérer. Cette impression est simplement un cas particulier d'une loi bien connue des psychologues : la sensation perçue varie proportionnellement non à la variation de l'excitation mais au rapport de celle-ci à l'excitation initiale. Si le poids que vous soulevez passe de 10 g à 20 g, vous éprouvez la même sensation d'accroissement que s'il passait de 20 à 40, car il a doublé dans les deux cas. L'accroissement de la cause a été différent (10 g pour le premier cas, 20 pour le second) mais l'accroissement de l'effet est le même (un doublement). Ce qui peut être décrit par l'équation

$$dS = dE/E$$

où *dS* représente l'accroissement de la sensation et *dE* celui de l'excitation. Or, cette relation décrit justement une propriété des logarithmes, propriété qui découle directement de leur définition. Lorsque la cause de la sensation est multipliée par le coefficient *k* (2 dans notre exemple) cette sensation est augmentée de la même quantité (log k) quelle que soit l'intensité de cette cause, en effet, $\log(kX) = \log X + \log k$.

Ce passage logarithmique de la cause à l'effet peut notamment expliquer l'accélération de l'écoulement du temps que chacun ressent à mesure qu'il avance en âge. Il suffit d'admettre, ce qui est raisonnable, que notre conscience compare chaque durée nouvellement écoulée à la totalité déjà vécue. L'enfant qui passe de dix à onze ans, l'adulte qui passe de cinquante à cinquante-cinq ans, ont tous deux ajouté 10 p. 100 au parcours déjà effectué. Les durées mesurées sur le calendrier – une année pour l'un, cinq années pour l'autre – étaient différentes, mais la durée perçue – un dixième de vie en plus – leur a semblé également longue. Il est donc pertinent, si l'on veut caractériser la sensation d'écoulement du temps, de prendre pour mesure non l'âge lui-même, mais son logarithme.

Une conséquence étonnante de ce constat est que, pour quelqu'un dont la durée de vie sera de cent années, la moitié de la durée ressentie est déjà écoulée dès l'âge de dix ans. En effet, à cet âge, le logarithme de cette durée est 1 (si l'on choisit la base 10), et lorsqu'il sera centenaire la durée totale de sa vie correspondra au nombre 2.

Pour être plus réaliste dans cette description du déroulement de la durée telle qu'elle est ressentie, il est préférable de prendre pour origine non la naissance, qui n'est qu'un épisode parmi d'autres dans la succession des événements, mais la conception. Pour rester au plus proche du rythme de développement biologique, il peut être judicieux de prendre comme unité la durée de la gestation. À sa naissance, l'enfant a, avec cette mesure, l'âge « un », dont le logarithme est 0 ; il atteint l'âge « dix » (logarithme égal à 1) quatre-vingt-dix mois après sa conception, soit un peu avant sept ans, et l'âge « cent » (logarithme égal à 2) à soixante-quatorze ans.

La conséquence la plus riche de réflexions de cette manière de caractériser l'âge est de reporter l'instant de la conception dans un passé inatteignable. Cet instant « zéro » a en effet pour logarithme « moins l'infini ». À la façon du big bang pour le cosmos, il n'est qu'un pseudo-événement ; on peut décrire la séquence de ce qui s'est produit après, mais on ne peut l'atteindre et encore moins décrire ce qui s'est passé avant.

Certes, la conception a effectivement eu lieu à un instant précis de l'histoire du monde extérieur ; pour les acteurs ou les témoins, elle a été précédée d'événements bien réels. Mais ici, nous essayons de caractériser le temps tel qu'il est perçu par celui qui le vit. Cette perception n'a aucun sens avant qu'il ne soit conçu. La métaphore du big bang pour décrire ce point de départ est particulièrement pertinente, car, tant que la fusion de l'ovule et du spermatozoïde n'avait pas eu lieu, cet individu n'avait pas plus d'existence que le cosmos tant que l'explosion primordiale ne s'était pas produite.

Cet exemple montre qu'un domaine aussi éloigné des mathématiques que la psychologie peut bénéficier de leur apport, car elles aident à poser autrement les problèmes et à réfléchir sur la meilleure mesure de l'objet étudié, ici la sensation de durée.

CORRÉLATION

Au cours des années 80, la polémique entre psychologues et généticiens des populations était vive à propos de l'origine, innée ou acquise, des caractéristiques intellectuelles.

Pour certains psychologues, principalement anglo-saxons, ces caractéristiques sont pour l'essentiel le résultat des dons de la nature, elles sont *innées*. Cette théorie avait été largement développée au XIXe siècle par des chercheurs qui s'inspiraient des théories du criminologiste italien Lombroso. Celui-ci admettait que certains individus sont des criminels-nés et que cette prédisposition, contre laquelle l'éducation est impuissante, peut être décelée par certains traits apparents. L'aventure intellectuelle et sociale de chacun est ainsi dictée par la nature. La croyance en l'existence de la « bosse des maths » est un des avatars de cette doctrine.

En fait, nous le savons maintenant, les apports de la nature sont représentés par le patrimoine génétique fourni au futur enfant lors de sa conception et conservé identique à lui-même tout au long de la vie. Ce constat nécessite une nouvelle formulation de la problématique des « dons » ; elle consiste désormais à relier les caractéristiques psychiques, non plus à quelques traits apparents, mais à certains gènes, supposés être les « gènes de l'intelligence », les « gènes de l'homosexualité » ou même à évoquer le « chromosome du crime ».

Pour la plupart des généticiens, cette hypothèse ne peut être prise au sérieux, en raison notamment de la disproportion entre la pauvreté de l'information initiale gérant le développement de l'organisme (de l'ordre de quelques dizaines de milliers de gènes) et la fabuleuse richesse du système nerveux central (de l'ordre de 100 milliards de neurones, reliés par un million de milliards de synapses). Comment imaginer que des activités aussi subtiles que l'imagination poétique, la compréhension scientifique, la réflexion philosophique ou le comportement social, puissent être sous la dépendance directe de gènes dont la seule fonction évidente est de spécifier la structure des protéines ? La différence de nature entre la cause – une séquence chimique – et l'effet – un comportement personnel ou social – est telle que tout espoir de découvrir un lien direct est exclu. Il faut donc chercher ailleurs que dans la nature les causes lointaines de ces caractéristiques, elles sont *acquises*.

Le débat est évidemment de la plus grande importance, car c'est toute l'organisation du système éducatif qui est en jeu : celui-ci est-il capable de corriger ce que la nature a fourni ? Si la théorie des dons innés est conforme à la réalité, la société peut se dispenser de consentir des efforts (terriblement coûteux) pour aider les enfants qui « ne sont pas faits pour les études » à construire leur intelligence.

Un des plus chauds partisans de l'innéité du potentiel intellectuel, H. J. Eysenck, a cherché à démontrer par l'observation de cas réels le bien-fondé de son opinion[10]. L'objectif était évidemment excellent : oublier les querelles idéologiques et mettre en place ce que les scientifiques appellent « une expérience pour voir ». Il s'est donc lancé dans une recherche dite *longitudinale*, c'est-à-dire poursuivie tout au long de la scolarité des sujets étudiés : après avoir mesuré le Quotient intellectuel d'enfants de cinq ans, il a attendu onze années, puis a mesuré le QI de ces mêmes enfants, âgés donc alors de seize ans. Il était en droit d'espérer que le résultat de cette observation apporterait un argument décisif au débat : si les deux séries de mesures étaient semblables, la preuve était faite que les événements intervenus au cours de ces onze années n'avaient guère eu d'influence sur la hiérarchie intellectuelle de ces enfants ; il était alors possible d'affirmer que cette hiérarchie était plus innée qu'acquise ; si, au contraire, ces deux séries étaient très différentes, la thèse de l'acquis l'emportait. N'entrons pas ici dans la querelle de la signification du QI censé « mesurer » l'intelligence, et concentrons la réflexion sur la technique de comparaison de deux séries de nombres, ici les scores obtenus à cinq ans et à seize ans.

La réponse classique fournie par les statisticiens est de recourir au *coefficient de corrélation*, nombre d'autant plus proche de sa valeur maximale 1 que la liaison entre les deux séries est plus forte. Or, entre les QI mesurés à cinq ans et ceux mesurés à seize ans, ce coefficient a été trouvé égal à 0,80. Le psychologue auteur de cette observation en a conclu que la connaissance de la note à cinq ans permettait de prévoir « avec une remarquable précision » la note à seize ans. Autrement dit, l'activité intellectuelle d'un enfant de cinq ans préfigurerait celle qu'il manifestera à seize ; son destin, en ce domaine, serait déjà tracé. On imagine les conclusions qui peuvent en être tirées pour l'organisation des études des enfants aux résultats médiocres.

Tout le raisonnement repose sur la signification du coefficient de corrélation, représenté par la lettre *r*, dont le lecteur non spécialiste pressent vaguement le sens mais sans pouvoir vraiment le préciser. Les plus informés savent que ce coefficient est par définition compris entre –1 et +1 (les coefficients négatifs correspondant à des variations opposées des deux séries de mesures) et que la valeur maximale correspond à l'existence d'une liaison rigoureuse entre les deux séries : si $r = 1$, chaque élément de l'une des séries peut être calculé à partir de l'élément correspondant de l'autre. Mais que signifie un coefficient de 0,80 ou de 0,40 ? Un détour par les mathématiques est ici nécessaire.

Moyenne, variance et coefficients de détermination

Mesurer l'intensité d'une liaison est utile chaque fois que plusieurs caractéristiques sont mesurées sur un ensemble d'objets. Dans notre exemple, les « objets » étaient des enfants, les caractéristiques mesurées étaient leurs QI à deux âges ; ce pourrait être aussi bien la taille comparée au poids, le tour de tête comparé au salaire mensuel des parents... Il est fréquent que ces mesures apparaissent comme plus ou moins dépendantes l'une de l'autre ; ainsi, les personnes de grande taille sont en moyenne de poids plus élevé ; si l'on connaît les statistiques pertinentes sur la population dont un individu fait partie, apprendre quel est son poids constitue donc une information concernant sa taille, et réciproquement. Comment préciser la valeur de cette information ? La voie la plus naturelle est d'introduire deux paramètres, la *moyenne* et la *variance.*

Le premier ne pose guère de problèmes de compréhension, car nous avons tous calculé au collège la moyenne de nos notes : il suffit d'additionner les notes obtenues dans les diverses disciplines et de diviser par leur nombre. Cette moyenne est une valeur centrale résumant l'ensemble.

Mais ce résumé apparaît souvent insuffisant ; deux élèves peuvent avoir la même moyenne, l'un parce que toutes ses notes sont regroupées autour de cette moyenne, l'autre en ayant quelques très bonnes notes qui compensent de très mauvaises. Pour caractériser cette dispersion, il est classique de calculer la moyenne des carrés des écarts à la moyenne que l'on désigne par le terme *variance*. Plus cette variance est grande, plus les diverses mesures sont dispersées. Pour mieux visualiser la plage couverte par cette dispersion, il est pratique de calculer la racine carrée de cette variance, *l'écart type*. Connaissant la moyenne m et l'écart type σ d'une distribution, on est en droit d'affirmer que, très probablement, 95 p. 100 des mesures sont situées à l'intérieur de la plage $m \pm 2\sigma$. On sait, par exemple, que les psychologues ont défini la méthode de calcul du QI de telle façon que sa moyenne est par construction $m = 100$ et son écart type $\sigma = 15$; dans une population d'effectif suffisamment élevé, 95 p. 100 des mesures se situent donc dans la plage 70-130.

Intéressons-nous maintenant au cas où deux caractéristiques sont mesurées sur chaque objet, par exemple sa taille et son poids ; cet objet peut alors être représenté par un point sur un plan doté de deux axes de coordonnées, l'abscisse x pour la taille, l'ordonnée y pour le poids. L'ensemble des mesures obtenues aboutit ainsi à un nuage de points.

Évoquer une liaison entre les deux caractéristiques revient à admettre que ce nuage n'est pas quelconque, mais apparaît avec une forme telle que l'on dispose d'une certaine information sur la variable Y lorsque l'on connaît la valeur de la variable X, et réciproquement. Isolons par la pen-

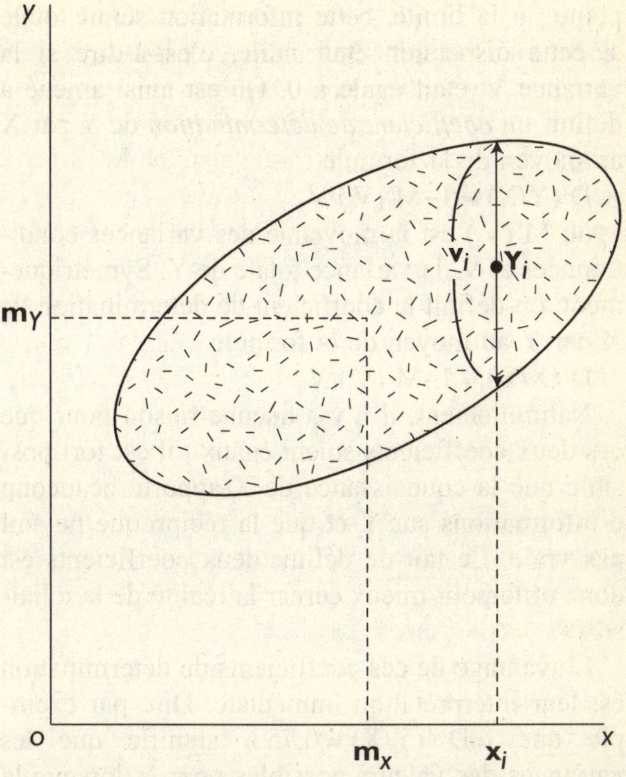

sée les objets pour lesquels la variable X vaut x_i ; pour eux, la variable Y a une certaine répartition caractérisée par la moyenne Y_i et la variance V_i, qui sont la *moyenne conditionnée* et la *variance conditionnée* de Y lorsque X est connu. L'information apportée sur Y par la connaissance de X est d'autant plus précise que la dispersion autour de la moyenne conditionnée Y_i est plus faible, donc que la variance conditionnée V_i est plus petite ; à la limite, cette information serait totale si cette dispersion était nulle, c'est-à-dire si la variance V_i était égale à 0. On est ainsi amené à définir un *coefficient de détermination* de Y par X au moyen de la formule

$$D\ (Y/X) = 1 - M\ (V_i)/V_y$$

où M (V_i) est la moyenne des variances conditionnées et V_y la variance totale de Y. Symétriquement, on définit le coefficient de détermination de X par Y au moyen de la formule

$$D\ (X/Y) = 1 - M\ (V_j)/V_x$$

Naturellement, il n'y a aucune raison pour que ces deux coefficients soient égaux ; il est fort possible que la connaissance de X apporte beaucoup d'informations sur Y et que la réciproque ne soit pas vraie. Le fait de définir deux coefficients est donc utile pour mieux cerner la réalité de la « liaison ».

L'avantage de ces coefficients de détermination est leur interprétation immédiate. Dire par exemple que « D (Y/X) = 0,75 » signifie que les variances des valeurs possibles pour Y lorsque la valeur de X est connue sont en moyenne le quart de la variance globale de Y, ou, ce qui revient au même, que l'écart type conditionné est en moyenne la moitié (car la racine carrée de 1/4 est 1/2) de l'écart type global.

Étrangement, ils sont très peu utilisés, un peu sans doute en raison de la double réponse qu'ils apportent à une question unique : « les mesures sont-elles liées ? » (ce qui montre que cette question était en fait mal posée), mais surtout en raison de l'habitude, devenue un réflexe, de calculer un autre paramètre, le coefficient de corrélation.

Coefficient de corrélation

Ce coefficient s'introduit à l'issue d'un cheminement d'une tout autre nature. Le fait que les deux mesures considérées sont liées entraîne que les écarts entre celles-ci et leurs moyennes respectives sont simultanément grands ou simultanément petits : si taille et poids sont « liés », c'est que les individus de taille supérieure à la moyenne ont, en général, un poids plus élevé que la moyenne. Il paraît donc judicieux de caractériser cette liaison en calculant la *covariance* de X et de Y, définie comme la moyenne, sur l'ensemble des objets mesurés, du produit $(X\text{-}M_x)\ (Y\text{-}M_y)$. Enfin, afin de pouvoir comparer entre elles plusieurs covariances, il est nécessaire de les normer en tenant compte des dispersions de ces mesures ; on aboutit ainsi au coefficient de corrélation défini par

$$r(X, Y) = \mathrm{cov}(X, Y)\ (V_x V_y)^{-1/2}$$

Une telle formule ne parle guère à notre imagination. Mais le moindre ordinateur dispose d'un programme qui permet de calculer le nombre *r* en appuyant sur une touche. Ce calcul est donc effectué en routine, sans nécessiter de réflexion ; la paresse est satisfaite, mais le danger est grand de tirer du résultat obtenu des conclusions erronées. Car le vrai problème est de comprendre ce que signifie ce résultat. Avouons que, à partir de la définition ci-dessus, cette interprétation n'est pas évidente.

Pour rattacher *r* aux coefficients de détermination que nous avons définis et dont l'interprétation est intuitive, il est nécessaire de faire une hypothèse assez lourde, la linéarité des moyennes conditionnées. Supposons, pour simplifier les notations, que les moyennes générales de M_x de X et M_y de Y soient nulles ; autrement dit, que l'origine des coordonnées soit confondue avec le centre du nuage de points. La linéarité évoquée signifie que les moyennes conditionnées Y_i de Y connaissant la valeur x_i de X et X_j de X connaissant la valeur y_j de Y sont représentées par des points situés sur des droites d'équation

$Y_i = ax_i$

$X_j = by_j$

droites appelées « droites de régression ».

Revenant aux définitions des variances et covariances, on constate alors que

$\mathrm{cov}(X, Y) = aV_x = bV_y$

et que $D(Y/X) = D(X/Y) = r^2$.

L'hypothèse de linéarité des moyennes conditionnées permet donc de donner une signification commune aux deux méthodes suivies pour caractériser la liaison : le coefficient de corrélation est alors égal à la racine carrée des coefficients de détermination. Il n'y a aucune raison pour que cette hypothèse soit rigoureusement vérifiée, mais en fait elle est en général peu éloignée de la réalité. Grâce à elle, nous allons pouvoir répondre à la question : que signifie un coefficient de corrélation de 0,80, ou de 0,40 ? Et cette réponse va être assez éloignée de ce que suggère l'intuition.

Si $r = 0{,}80$ (comme dans le cas des QI étudiés par H. Eysenck), nous pouvons écrire :

$D(Y/X) = 0{,}8^2 = 0{,}64$; donc, la variance conditionnée de Y connaissant x est égale à 0,36 V_y, et l'écart type conditionné vaut 60 p. 100 de l'écart type global.

Si $r = 0{,}40$, on obtient $D(Y/X) = 0{,}16$, $V(y/x) = 0{,}84\ V_y$ et l'écart type conditionné est égal à 92 p. 100 de l'écart type global.

Ces exemples mettent en lumière l'effet pervers provoqué par la définition du coefficient de corrélation : il gonfle artificiellement les nombres qui mesurent la liaison. Un coefficient de 0,40 peut sembler déjà important, en fait il correspond au cas où la connaissance d'une des variables ne réduit que de 8 p. 100 l'imprécision de l'information sur l'autre.

Dans la comparaison des performances à cinq ans et à seize ans, le coefficient obtenu (0,80) suggère une liaison étroite, cette apparence est trompeuse, et il est contraire aux faits d'affirmer que le QI à seize ans peut être « prévu avec précision » dès que l'on connaît celui de cinq ans. Allons au bout du calcul. Nous avons vu que, en raison de la façon même dont est défini le QI, sa moyenne est 100 et son écart type est égal à 15. Ne sachant rien sur un adolescent de seize ans, on peut donc annoncer : son QI a 95 p. 100 de chance de se trouver dans la fourchette 70-130. Si l'on apprend que son QI à cinq ans était de 100, l'écart type conditionné devient $15 \times (1-0{,}80^2)^{1/2} = 9$, et la fourchette de la prédiction est 82-118. Il est vraiment abusif d'y voir une remarquable précision. En réalité, l'observation réalisée montre que la mesure faite à l'âge de cinq ans n'apporte qu'une information insignifiante sur ce qui se passera à seize ans. Contrairement aux apparences, elle n'apporte aucun argument en faveur de l'hypothèse que les « dons intellectuels » sont innés.

Corrélation et causalité

Le recours au concept de corrélation et au paramètre qui lui est associé, le *coefficient de corrélation*, est à l'origine de multiples erreurs d'interprétation. La plus fréquente est celle que nous venons de constater à propos de l'intensité de la liaison mesurée. Plus grave est l'erreur logique inférant d'une corrélation constatée à l'existence d'une causalité.

Certes, lorsque existe un rapport de causalité entre les caractéristiques X et Y (par exemple entre le revenu d'un individu et le montant de ses impôts), les deux séries de mesures sont corrélées ; mais la réciproque n'a aucune raison d'être vraie. Ainsi, la corrélation est nettement positive entre le loyer payé par les familles et la longueur de leurs vacances d'hiver ; mais cette corrélation ne signifie pas qu'une augmentation des loyers entraînerait un allongement du temps consacré aux sports d'hiver. En fait, la corrélation est le signe de l'influence d'une cause commune aux deux phénomènes étudiés (ici cette cause commune est évidemment le niveau des ressources).

Mais cette cause commune peut être très éloignée de ce que suggère un examen superficiel, d'où une troisième source d'erreur illustrée par l'observation des QI à cinq et à seize ans. Supposons que le coefficient de corrélation obtenu ait été non de 0,80 mais de 0,95 ; alors la prédiction du QI à seize ans connaissant le QI à cinq ans aurait été effectivement précise. Mais pour autant, il n'était pas possible d'en conclure à l'innéité de ce QI. Ce résultat aurait simplement prouvé que les causes influençant le potentiel intellectuel déjà présentes à cinq ans agissaient encore à seize. Parmi ces causes figure certes le patrimoine génétique, mais figure aussi l'environnement familial et social. La méthode utilisée ne permettait pas de privilégier l'une ou l'autre de ces causes ; elle ne pouvait de toute façon apporter une contribution au problème de l'inné et de l'acquis.

La démarche suivie par ce psychologue est typique d'une attitude fréquente : camoufler le flou des concepts par une débauche d'équations et de calculs. La démarche scientifique, dont la finalité est d'aider chacun à être plus lucide, est alors dévoyée et utilisée pour justifier des affirmations sans rapport avec la réalité.

Le cas le plus connu est celui des études comparant la réussite scolaire des Blancs et des Noirs aux États-Unis, ou, en France, celui des palmarès comparant les lycées de banlieue et les lycées parisiens. Ces comparaisons contiennent, plus ou moins explicitement, le message d'un déterminisme lié à la nature des populations comparées. La croyance en ce déterminisme débouche sur l'acceptation passive des inégalités, alors que celles-ci sont le résultat d'une structure sociale inadaptée. Des différences sont transformées en destin.

Nous l'avons vu à propos de la mesure d'une liaison entre divers paramètres, le chemin est long, laborieux, qui permet de définir une notion précise. Longtemps elle reste floue, et la tentation est grande de dissimuler le manque de rigueur en se réfugiant dans la mesure, car celle-ci s'exprime avec des nombres, et les nombres permettent des calculs. Les mathématiques deviennent alors une bouée de sauvetage pour ceux qui se noient dans le flou des concepts ; l'étalage des calculs n'a plus pour rôle que de cacher l'insuffisance de la pensée.

Il n'est pas excessif de dénoncer un impérialisme de la mesure. Lorsque l'on ne sait plus très précisément de quoi il s'agit, il est tentant de proposer des paramètres mesurables. Mais est-ce plus efficace que de repeindre la façade d'un édifice en ruine ? Le danger est particulièrement grave dans les zones imprécises où se rencontrent des disciplines aux langages mal accordés. L'usage des ordinateurs ajoute au risque de cacophonie : certes, leurs calculs sont toujours exacts, mais qu'apporte cette exactitude lorsque l'on ignore ce que le nombre mesure ?

ESPACES ET DIMENSIONS

Tous ceux qui ont entendu parler de la théorie de la « relativité » savent que les équations proposées par Einstein décrivent un univers « à quatre dimensions » ; cette seule évocation suffit à effaroucher certains et à les dissuader de pénétrer dans des réflexions qu'ils imaginent hors de leur portée : nous qui vivons dans un univers à trois dimensions, nous doutons être capables, sinon au prix d'un effort intellectuel hors du commun, d'en imaginer un plus riche. Il ne s'agit en fait que d'une mauvaise présentation du concept d'espace.

Tout d'abord, chacun peut se rendre compte que sa vie quotidienne se déroule dans un univers beaucoup plus riche en « dimensions » qu'il ne l'imagine. Le chasseur qui raconte les événements de la journée de l'« ouverture » explique qu'il a tiré son premier coup de fusil en haut de la colline à 7 heures, ce qui implique quatre dimensions, trois précisant le lieu (latitude, longitude, altitude), et une l'instant. Il évoque sa fatigue grandissante à mesure que les heures ont passé et que son parcours s'est allongé ; cette fatigue fait partie de sa narration, dans l'hypothèse où elle peut être mesurée elle constitue une cinquième dimension liée aux quatre autres. Il énumère, en précisant le lieu et l'heure, les perdreaux et les lièvres aperçus, visés, ratés, autant de « dimensions » supplémentaires. Il peut ainsi multiplier les caractéristiques permettant de décrire l'aventure qu'a été sa journée. En fait, son récit se déroule tout naturellement dans un univers multidimensionnel, dans lequel son esprit se meut sans difficulté.

Un problème se pose lorsque le narrateur essaie de représenter par un dessin la série d'événements qu'il désire raconter. Les feuilles de papier sur lesquelles il dessine n'ont que deux dimensions ; il est donc contraint de n'évoquer sur chacune qu'une partie de la réalité ; il peut par exemple prendre une carte et y tracer son parcours, ou construire un diagramme décrivant la progression de son tableau de chasse au moyen de deux axes de coordonnées, l'abscisse affectée aux heures successives et l'ordonnée au nombre de perdreaux abattus depuis le matin. Par nécessité, il réduit chaque fois son récit à deux dimensions.

Pour contourner cette difficulté, il faut avoir recours à un faux-semblant (par exemple la perspective) ou à une collection de feuilles. Ainsi Rembrandt a-t-il pu tenir compte de la dimension « âge » dans la description de lui-même en multipliant ses autoportraits qui se succèdent de seize à soixante ans.

L'espace « réel »

En fait, le mot « dimension » est trompeur car il évoque l'espace concret dans lequel se meut notre corps, espace où les longueurs (calculées à partir d'une unité étalon), les surfaces (calculées en multipliant deux longueurs), les volumes (calculés en multipliant une surface par une longueur, soit, au total, trois longueurs) ont un sens fourni empiriquement par notre expérience quotidienne.

Il est tentant de chercher à préciser la nature concrète de cet *espace tridimensionnel* qui nous est si familier. En fait, cette tentative est vouée à l'échec ; pour le comprendre, il suffit de constater que, même lorsque rien ne l'occupe, l'espace qui contient notre Univers a le pouvoir d'imposer à la lumière une vitesse rigoureuse : la mystérieuse « vitesse de la lumière dans le vide » partout égale à 300 000 km/s. Plus invraisemblable encore est un constat dont nous ne nous étonnons plus tant il a été rendu banal par l'usage des téléphones portables : en chacun de ses points, qu'il soit vide ou non, l'espace contient une multitude de conversations transmises par radio entre nos contemporains. Cette présence, que nos sens sont incapables de déceler, est bien réelle, puisqu'elle se manifeste dès que nous réglons nos appareils sur les codes et la fréquence voulus.

Laissant courir son imagination, Rabelais raconte que les bruits d'une bataille, qui s'était déroulée un jour d'hiver, avaient été gelés par le froid très vif ; ils étaient restés dans l'air, présents mais inaudibles, jusqu'au printemps suivant ; le dégel avait alors redonné leur force aux jurons des soldats et au vacarme des armes, à la grande surprise du voyageur passant sur ce champ redevenu apparemment paisible mais où il entendait le vacarme de la bataille.

Cette histoire de transfert du bruit à travers le temps au moyen de la congélation de l'air nous paraît certes absurde, et Rabelais a dû bien s'amuser en l'écrivant ; mais si quelqu'un lui avait annoncé que le bruit serait un jour transmis presque instantanément à travers l'espace jusqu'aux contrées les plus éloignées, il aurait trouvé cette prévision plus absurde encore. Et cette absurdité serait devenue pour lui pure folie si on lui avait expliqué que ce transfert n'utiliserait nullement l'air, objet bien concret dont on peut imaginer que le froid peut le solidifier, mais des ondes se propageant dans l'espace, sans que cet espace soit occupé par autre chose que du vide. Congeler l'air et les sons qu'il transporte était finalement une idée apparemment plus raisonnable que de confier ces sons à des ondes hertziennes qui n'ont besoin de rien pour se propager. C'est pourtant cette seconde idée qui se révèle réaliste, au prix d'une remise en cause profonde de notre conception de l'espace.

Convenons-en : l'espace réel, celui dans lequel nous évoluons, dans lequel se produisent les événements que nous observons, échappe à notre compréhension ; ce n'est d'ailleurs, le plus souvent, pas de lui que parlent les diverses disciplines scientifiques.

Les dimensions de l'univers du discours

Chacune de ces disciplines se constitue, nous l'avons vu, en posant a priori un *univers du discours* au sein duquel les divers concepts introduits sont précisés. Cet univers est défini, structuré, en précisant les dimensions qui interviennent dans les raisonnements ; par désir d'économie ou par recherche d'élégance, le nombre et la variété de ces dimensions sont aussi réduits que possible.

La cinématique, science du mouvement, n'utilise, par exemple, que deux catégories de dimensions, la longueur L et le temps T. Les autres concepts introduits à mesure que cette discipline se développe sont définis à partir de ces dimensions fondamentales au moyen d'« équations aux dimensions ». Ainsi la vitesse V est définie comme la division d'une longueur par un temps, l'accélération *a* comme la division d'une vitesse par un temps ; ce qui s'écrit (en utilisant le signe = pour signifier « équivalant à ») :

$V = L/T = LT^{-1}$

$a = V/T = LT^{-2}$

La dynamique, science du mouvement des corps pesants, exige l'introduction d'une nouvelle dimension, la masse *m*. La force F est alors définie comme le produit d'une accélération par une masse, l'impulsion (ou quantité de mouvement) *p* comme le produit d'une masse par une vitesse, l'énergie E comme le produit d'une force par une longueur, ce qui s'écrit

$F = ma = mLT^{-2}$

$p = mV = mLT^{-1}$

$E = FL = mL^2T^{-2}$

Remarquons que cette dernière égalité peut s'écrire

$E = mV^2$

relation parallèle à la célèbre équation d'Einstein (mais ici, répétons-le, le signe = n'a pas le sens arithmétique habituel, mais le sens « équivalant à »).

Enfin, un concept très utilisé pour la recherche de l'équilibre d'une structure matérielle est celui d'action A définie comme le produit d'une impulsion par une longueur ou (ce qui revient au même, comme le montre sa dimension) le produit d'une énergie par un temps

$A = pL = ET = mL^2T^{-1}$

Les divers paramètres qui décrivent les interactions entre les objets que nous observons ont eux aussi des dimensions. Ainsi, l'intensité de la gravitation est caractérisée depuis Newton par un certain coefficient G introduit dans la célèbre formule permettant de calculer la force d'attraction F qui se manifeste entre deux masses *m* et *m*' séparées par la distance *d* :

$F = Gmm'/d^2$

Pour que les deux termes de cette équation aient la même dimension, il faut que

$G = FL^2/m^2 = L^3m^{-1}T^{-2}$

Tous les concepts ou paramètres que nous venons d'évoquer peuvent donc être exprimés en fonction des trois termes L, *m* et T. Réciproquement, ces termes peuvent être exprimés en fonction de trois de ces paramètres choisis arbitrairement. Prenons par exemple trois des équations écrites ci-dessus, celles qui expriment la dimension de V, de A et de G. Un calcul simple nous permet de constater que $GAV^{-5} = T^2$; autrement dit, le temps a une dimension donnée par

$$T = (GAV^{-5})^{1/2}$$

Ce petit jeu peut sembler bien vain. En réalité, cette dernière équation met en évidence une propriété inattendue de notre Univers. En effet, la physique des particules est fondée sur le constat qu'une action A ne peut être inférieure à un seuil mesuré par la « constante de Planck » *h* ; d'autre part, nous savons depuis Einstein qu'aucune vitesse V ne peut être supérieure à la vitesse de la lumière *c*. En remplaçant dans cette équation les symboles G, *h* et *c* par leurs valeurs, qui sont maintenant connues avec une grande précision, notre dernière « équation aux dimensions » nous montre, comme nous l'avons déjà évoqué, que T ne peut être inférieur à $5{,}4.10^{-44}$ seconde.

Des mesures et des raisonnements portant sur des réalités telles que l'intensité de l'attraction gravitationnelle, apparemment bien éloignées du concept de durée, débouchent ainsi sur le constat qu'aucun événement ne peut avoir une durée inférieure à un certain seuil ; le temps est granulaire.

De même que le temps, la longueur et la masse

peuvent être exprimées à partir des « dimensions » G, A et V. Il est donc possible de présenter la dynamique en n'introduisant que ces dimensions. L'exercice peut paraître inutile ; il a le mérite de nous montrer combien le choix habituel de L, *m* et T a été arbitraire.

L'existence d'une vitesse absolue de la lumière par exemple est le signe d'un mauvais choix initial des dimensions prises comme repère ; le trio {m, L, V} aurait été plus judicieux que le trio {m, L, T}. Avec ce point de départ pour la définition des dimensions, le temps n'apparaît plus comme une réalité en soi mais comme une combinaison de deux autres dimensions, ce qui permet d'échapper aux questions sans réponses sur sa véritable nature.

Unidimensionnalité et appauvrissement de l'information

Cette réflexion sur les dimensions est aussi l'occasion de constater une dérive de la mentalité de nos contemporains vers l'unidimensionnalité, c'est-à-dire vers des descriptions qui ne comportent plus qu'une dimension. Cette tendance, dangereuse victoire de la paresse intellectuelle, résulte pour beaucoup de l'emprise du raisonnement économique qui s'insère peu à peu dans la quasi-totalité de nos réflexions. L'économie est en effet, par essence, unidimensionnelle, puisque tous les objets qu'elle évoque sont caractérisés par un seul nombre, leur valeur marchande. Une équivalence est ainsi immédiatement obtenue entre tous les termes du discours, mais au prix d'un appauvrissement dramatique de leur signification. Ainsi, récemment, des feux de forêt ont ravagé des forêts de séquoias en Californie ; la télévision a annoncé l'événement en précisant : tant de millions de dollars ont été réduits en cendres. Personne ne fait remarquer que cette valeur est totalement dépourvue de sens. Quelle pourrait être le raisonnement logique permettant d'évaluer ce que représente en dollars un séquoia vieux de trois mille ans ? Le concept de valeur est ici inopérant, sinon scandaleux.

En plus de l'emprise de l'économisme, joue également un rôle dans cette réduction à une dimension le besoin profond de hiérarchiser, car, en bonne logique, la hiérarchisation implique l'unidimensionnalité ; 9 est plus grand que 4 mais l'ensemble {14, 20} n'est ni supérieur ni inférieur à l'ensemble {8, 3}, ils sont égaux par l'effectif (deux éléments chacun), le premier est le plus grand par la moyenne des nombres qui sont contenus, le second supérieur par le rapport du premier nombre au second. La hiérarchie entre eux est arbitraire ; elle nécessite d'introduire un critère capable de les unidimensionnaliser.

Il en est de même chaque fois que l'on cherche à classer en fonction d'un unique critère. Par exemple lorsque l'on oppose, lors des élections, les candidats selon qu'ils sont plus ou moins à droite ou à gauche. Une analyse réalisée à partir des votes aux élections présidentielles de 1969 en

France met en évidence les dangers de ce qui est une des formes de la « pensée unique »[11].

Sept candidats se présentaient au premier tour : Defferre, Ducatel, Duclos, Krivine, Poher, Pompidou et Rocard. Les suffrages obtenus dans les trente et une circonscriptions électorales de Paris permettaient de considérer ces candidats comme des points situés dans un espace à trente et une dimensions. Mais un tel espace n'est pas visualisable ; des méthodes mathématiques sont disponibles permettant de projeter au mieux un espace aussi riche sur des espaces plus faciles à interpréter. Pour commencer, on projette sur un espace à une dimension, c'est-à-dire un axe : le résultat est inattendu. Certes, les deux extrêmes sont Duclos, le communiste, à gauche et Pompidou, le gaulliste, à droite ; près du milieu se trouve Poher, le centriste, à gauche de Poher se situe Defferre, le socialiste ; l'opposition gauche-droite est donc, pour ces candidats, retrouvée. Mais comment interpréter la position près du centre de Krivine, représentant la Ligue communiste révolutionnaire, de Rocard, représentant le PSU, et de Ducatel, candidat ne représentant aucun parti et militant pour la suppression des syndicats ouvriers ?

Il semble évident que la projection sur un seul axe a fait perdre tant d'informations que les trois derniers candidats sont mal positionnés. On peut alors tenter une projection sur deux dimensions. Le premier axe est conservé, mais s'y ajoute un second axe qui permet de différencier les « révolutionnaires » (Rocard et plus encore Krivine) des

« classiques » (tous les autres). Autrement dit, le concept de gauche opposée à droite n'a de sens que pour quatre candidats, il est sans signification pour les trois autres.

Que de querelles inutiles seraient évitées si nous avions le souci de plonger nos opinions unidimensionnelles dans des espaces un peu plus riches.

Sur un axe

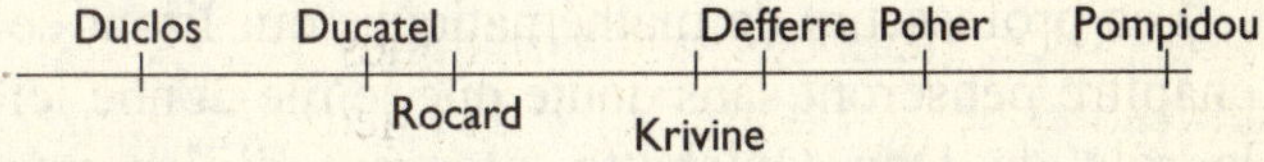

Sur un plan

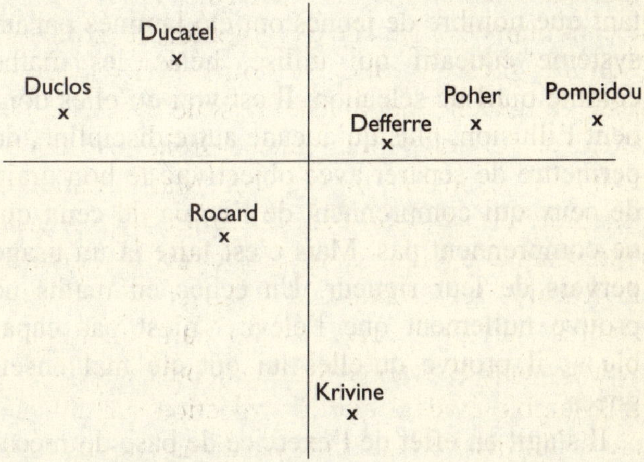

Projection de l'espace à 31 dimensions des 7 candidats à l'élection présidentielle de 1969

NOMBRES IMAGINAIRES

Les professeurs de mathématiques qui liront ce chapitre penseront sans doute que je me donne ici le rôle de Don Quichotte attaquant d'illusoires moulins à vent. Comment leurs élèves pourraient-ils être victimes des pièges que je dénonce et dont ils les ont prévenus ? L'expérience prouve pourtant que nombre de jeunes ont été laminés par un système éducatif qui utilise, hélas, les maths comme outil de sélection. Il est vrai qu'elles donnent l'illusion, plus qu'aucune autre discipline, de permettre de séparer avec objectivité le bon grain de ceux qui comprennent de l'ivraie de ceux qui ne comprennent pas. Mais c'est faire là un usage pervers de leur rigueur. Un échec en maths ne prouve nullement que l'élève « n'est pas capable » ; il prouve qu'elles lui ont été mal enseignées.

Il s'agit en effet de l'exercice de base du mécanisme intellectuel. Avant de courir, sauter, faire de la bicyclette, un enfant apprend à marcher, de même, avant d'exprimer ou de discuter des idées, il lui faut apprendre le jeu du raisonnement. Ce jeu doit lui être présenté de façon à apporter contentement, plaisir et même, parfois, triomphe, le triomphe remporté sur la difficulté de comprendre, une victoire sur soi-même, non sur les autres. Car, en maths, l'étape de la non-compréhension fait partie du cheminement normal, elle est une situation provisoire dont il est facile de sortir à condition de définir avec précision les mots employés.

Malheureusement, l'enseignement, tel qu'il est imposé par les directives officielles, semble prendre un malin plaisir à camoufler par des formulations incompréhensibles les chemins pourtant clairs du raisonnement ; comme si seuls quelques esprits supérieurs étaient capables de les suivre. Un exemple pittoresque en est donné par une « prof de maths »[12] à propos de la composition et de l'inversion des fonctions... Classiquement est notée f_0g la composition de la fonction f et de la fonction g, c'est-à-dire l'opération consistant à opérer la transformation représentée par la fonction g, suivie de celle représentée par f ; de même est notée f^{-1} la fonction inverse de f, c'est-à-dire celle qui ramène à la situation initiale. Laborieusement est démontrée la formule célèbre $(f_0g)^{-1} = g^{-1}{}_0f^{-1}$, ce qui signifie : « l'inverse de la composition est égal à la composition des inverses dans un ordre inversé ». Pour échapper à l'abstraction de cette formule, un élève, dit cet auteur, lui a fait remarquer que, pour s'habiller, il faut mettre d'abord ses chaussettes puis ses chaussures, et que pour se déshabiller (acte inverse), il faut enlever d'abord ses chaussures puis ses chaussettes. Le renversement du parcours entraîne le renversement de l'ordre des actions. Comprenant la logique des processus réels, cet élève s'est comporté en mathématicien, plus que s'il avait seulement pris la peine d'apprendre la formule et de la ressortir lors d'une interrogation.

Ma cible ici est un concept très simple dont la présentation est faussée de telle façon que de nombreux élèves se rangent dans le camp de ceux qui ne peuvent pas comprendre. La perte de confiance en sa propre capacité provoquée par ce blocage est fréquente. Tout semble d'ailleurs délibérément y contribuer, notamment les mots utilisés.

Des nombres qui ne sont pas des nombres

Il s'agit des nombres dits *complexes* ou *imaginaires*. Cette référence à l'imagination engage l'esprit vers l'évocation d'objets fantastiques, chimériques, fantaisistes, pour tout dire pas vraiment sérieux. Et pourtant, ils sont manipulés par des mathématiciens, gens payés pour ne jamais divaguer. Il règne à propos de ces nombres une atmosphère de mystère entretenue par le cheminement imposé aux élèves tout au long de leur parcours initiatique.

Ils ont commencé, à l'école primaire, par compter les objets et associer à chaque ensemble d'objets un nombre, son effectif, ou, pour utiliser les mots savants, le *cardinal* de cet ensemble. Ils ont rassemblé des ensembles et additionné les nombres qui leur correspondaient. Ceux-ci étaient par nature positifs. Puis ils ont enlevé quelques objets et ont compris l'intérêt de définir des nombres dits négatifs. Enfin a été introduit un concept plus subtil, celui de multiplication, ce qui a nécessité la compréhension de la fameuse règle des signes : « multiplier *plus* par *plus* donne *plus*, *plus* par *moins* donne *moins*, *moins* par *moins* donne *plus* ». Cette dernière affirmation a semblé d'abord étrange, mais l'esprit l'a adoptée volontiers. Il en résulte que le produit d'un nombre par lui-même, son carré, est toujours positif, que ce nombre soit lui-même positif ou négatif.

Tout va bien dans le royaume de l'arithmétique jusqu'au jour où l'on apprend que, pour faciliter leurs raisonnements, les mathématiciens introduisent la racine carrée de -1, c'est-à-dire un nombre dont, en contradiction avec tout ce qui a été appris jusque-là, le carré serait négatif ! Ils se sont même tous mis d'accord pour lui donner un nom, ou plutôt pour le représenter par un symbole adopté universellement, la lettre i. L'élève raisonnable devrait crier au scandale : ne faut-il pas être fou pour oser ainsi définir, nommer, utiliser comme instrument, un être dont on a démontré qu'il ne pouvait pas exister ? Mais l'enseignement n'a hélas pas appris à l'élève à être raisonnable ; il lui a appris à être conformiste. Puisque c'est au programme, écrivons donc $i = (-1)^{1/2}$ et manipulons cet objet comme s'il obéissait aux règles ordinaires auxquelles se soumettent si volontiers les nombres.

On obtient ainsi de bonnes notes, on est reçu au bac ; il reste cependant dans l'esprit un malaise, comme une contradiction acceptée par obéissance, mais qui reste, tel un remords, sournoisement dérangeante. Le sentiment de ne pas comprendre s'accompagne de l'impression que certains individus, camarades ou profs, eux, ont compris. « Puisque ce n'est pas mon cas, peut-être est-ce la preuve que je ne suis pas assez intelligent, en tout cas pas fait pour les mathématiques. » Je ne crois pas exagérer en prétendant que de nombreuses vocations scientifiques ont été bloquées par de tels psychodrames. C'est cela, l'injustice contre laquelle j'aimerais lutter. Il ne sera pas nécessaire de recourir à des notions bien subtiles, rien de plus que ce que connaît un élève de quatrième.

Compte tenu de la définition adoptée pour le mot « nombre », il est clair qu'aucun nombre ne peut avoir pour carré −1. Il suffit pour le démontrer d'appliquer à *i* les règles de calcul habituelles et d'écrire

$$i \times i = (-1)^{1/2} \times (-1)^{1/2} = [(-1) \times (-1)]^{1/2} = (+1)^{1/2} = +1$$

Le carré de *i* est donc égal à la fois à +1 et à −1 !

En fait, il s'agit d'un malentendu. Le trop fameux *i* n'est pas un **nombre**. Tout devient facile si l'on admet que les manipulations auxquelles nous allons nous livrer à son propos concernent non pas des nombres mais **des couples de nombres**. La fantasmagorie alors disparaît et chacun peut suivre un cheminement qui n'a plus rien de mystérieux.

Écrivons, provisoirement, pour représenter ces couples, les deux nombres qui les constituent : (a, b), (c, d).

Des opérations qui ne sont pas ce que l'on croit

Nous admettons tout d'abord que ces couples peuvent être multipliés par un nombre en admettant la règle simple : multiplier un couple par le nombre k, c'est multiplier chacun des membres du couple par ce nombre

k (a, b) = (ka, kb)

Puis nous imaginons de combiner ces couples deux à deux, c'est-à-dire de définir un couple à partir de deux autres, au moyen de deux opérations :

– l'une, que l'on appelle abusivement « addition » mais qui est en fait un ensemble de deux additions. Pour la différencier de l'addition ordinaire, nous l'écrirons à partir de maintenant en gras : **addition**, elle est représentée par le signe **+**, lui aussi écrit en gras, avec la règle :

(a, b) **+** (c, d) = (a + c, b + d) [1]

[par exemple (7,4) **+** (3,5) = (10,9)]

Remarquons que, dans le terme de droite de cette égalité, le signe + est écrit en caractères ordinaires, car il représente la bonne vieille addition habituelle.

– une seconde, désignée plus abusivement

encore par le terme « multiplication », qui est en fait un ensemble de plusieurs opérations. Pour la distinguer de la multiplication ordinaire, nous l'écrirons en gras et représenterons cette **multiplication** par le signe **×** lui aussi écrit en gras, avec la règle :

$$(a, b) \times (c, d) = (ac - bd, ad + bc) \qquad [2]$$

[par exemple $(7,4) \times (3,5) = (1,47)$]

Remarquons que dans le terme de droite de cette égalité, les signes + et – sont écrits normalement, et que les produits tels que a × c sont écrits, selon la convention habituelle, en omettant le symbole ×.

Donner à cette deuxième opération le même nom qu'à l'opération arithmétique habituelle qu'est la multiplication est une véritable tromperie sur la marchandise. La désigner par ce mot et la représenter par le signe × constitue une scandaleuse usurpation de territoire, car ce signe et ce mot étaient déjà utilisés avec un tout autre sens à propos des nombres. Ici, ce mot désigne une manipulation d'une forme nouvelle, bien éloignée de la multiplication ordinaire ; il serait sage d'utiliser un autre terme, un autre signe. Acceptons cependant cette mauvaise habitude et contentons-nous de l'écrire en gras, mais gardons en mémoire de rester méfiant quant aux ambiguïtés possibles.

De plus, sa définition par la formule [2] semble bien arbitraire. Tout devient plus clair si l'on considère les deux nombres du couple (a, b) comme les coordonnées d'un point sur un plan, le premier est l'abscisse, le second l'ordonnée.

La première opération correspond simplement à l'addition des vecteurs allant de l'origine aux points de coordonnées (a, b) et (c, d) : l'**addition** des couples de nombres est simplement l'addition des vecteurs telle qu'elle a été définie en géométrie.

La seconde fait correspondre à ces deux vecteurs un troisième dont la longueur est égale au produit de leurs longueurs et dont l'angle avec l'axe des abscisses est égal à la somme des angles des deux vecteurs.

Pour le démontrer, il suffit d'un peu d'algèbre élémentaire. Si l_1 et l_2 sont les longueurs des deux vecteurs, on a $l_1^2 = a^2 + b^2$ et $l_2^2 = c^2 + d^2$, celle du vecteur obtenue par la règle de multiplication est

$l_3^2 = (ac - bd)^2 + (ad + bc)^2 = (a^2 + b^2)(c^2 + d^2)$
$= l_1^2 l_2^2$

Quant aux angles des deux vecteurs avec l'axe des abscisses, ils sont tels que $\cos\alpha = a/(a^2 + b^2)^{1/2}$ et il suffit de se souvenir de la règle d'addition des angles : $\cos(\alpha + \beta) = \cos\alpha \cos\beta - \sin\alpha \sin\beta$

Pour constater que $\gamma = \alpha + \beta$

Finalement, l'opération que nous avons appelée abusivement « **multiplication** de deux couples de nombres » est en fait un assemblage de deux opérations simultanées : la multiplication (au sens habituel) des longueurs et l'addition (au sens habituel) des angles.

Parmi ces couples, qu'il est beaucoup plus réaliste de dénommer « nombres complexes » que « nombres imaginaires », deux jouent un rôle très particulier :

– le couple (1,0) ; en l'utilisant comme **multiplicateur**, on ne change pas les éléments d'un couple quelconque ; il est le neutre de la **multiplication** ;

– le couple (0,1) ; en l'utilisant comme **multiplicateur**, on fait pivoter d'un quart de tour le point représentatif d'un nombre quelconque, sa longueur est en effet égale à l'unité et son argument égal à $\pi/2$. Comme ce couple apparaît souvent, il a semblé utile de lui donner un nom, de le représenter par un symbole, la fameuse lettre ***i***, que l'on doit écrire en gras pour respecter nos conventions.

La propriété la plus spectaculaire de ce nombre complexe ***i*** est sa multiplication par lui-même ; il vient : ***i*** × ***i*** = (0,1) × (0,1) = (-1, 0). En poursuivant le pillage des notations qui ont été adoptées initialement pour les nombres, on peut considérer cette **multiplication** par soi-même comme un **carré** et écrire : $(0,1)^2 = (0,1) \times (0,1) = (-1,0)$, conséquence de la définition de l'opération ×.

L'habitude s'est perpétuée, sans doute la faute en revient-elle à Descartes, de qualifier de « réel » le premier des nombres de chaque couple, *a*, et d'« imaginaire » le second, *b*. Ces désignations sont troublantes et ne correspondent nullement aux rôles parfaitement symétriques de ces deux termes. Elles aboutissent à l'écriture adoptée pour ces nombres sous la forme :

a + **i** b, où ***i*** joue le rôle d'un symbole rappelant simplement que *b* est le second nombre du couple, c'est-à-dire l'ordonnée du point, *a* étant l'abscisse.

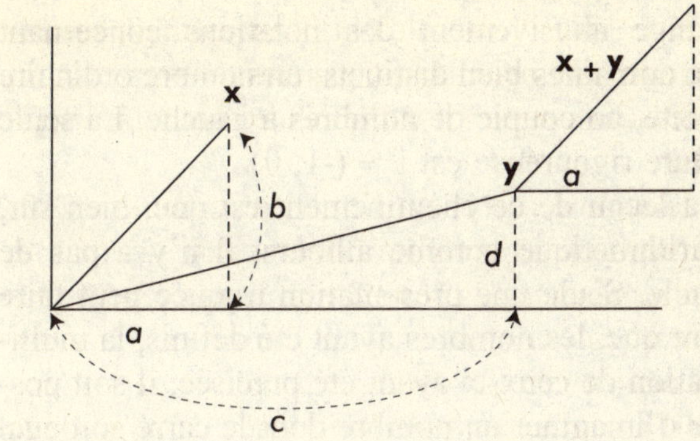

Addition

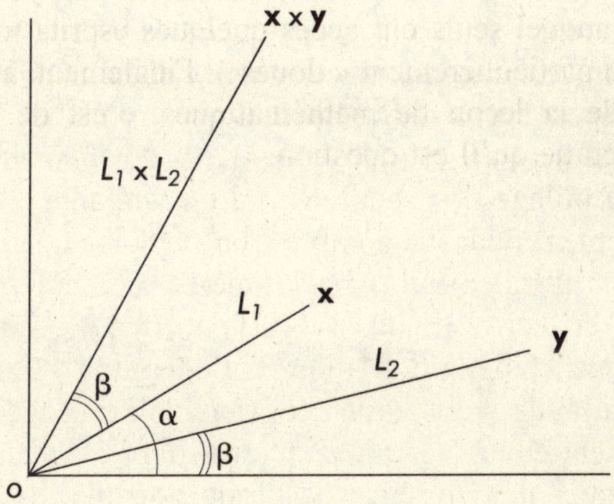

Multiplication

Mais ***i*** étant ramené au rôle de symbole, il est contraire à toute logique de le traiter comme un nombre et d'oser écrire $\mathbf{i}^2 = -1$, ou ce qui est pire $i = (-1)^{1/2}$.

Même en recourant aux couples de nombres, écrire $\mathbf{i}^2 = (0,1)^2 = -1$ est vicieux, car cette égalité mélange abusivement des notations concernant deux domaines bien distincts, un nombre ordinaire à droite, un couple de nombres à gauche. La seule écriture rigoureuse est $i^2 = (-1, 0)$.

La leçon de ce cheminement est que, bien sûr, en arithmétique comme ailleurs, il n'y a pas de miracle. Seule une présentation truquée peut faire croire que, les nombres ayant été définis, la multiplication de ceux-ci ayant été précisée, il soit possible d'imaginer un nombre dont le carré soit égal à –1. Malheureusement, le message reçu par bien des lycéens est l'existence d'un domaine mystérieux auquel seuls ont accès quelques esprits initiés ou particulièrement « doués ». Finalement, au-delà de la leçon de mathématiques, c'est de la démocratie qu'il est question.

LE RAISONNEMENT PROBABILISTE

Demain n'existe pas ; mais il nous obsède. La caractéristique essentielle des événements à venir est d'être incertains. Cette incertitude est fondamentalement irréductible (même le prochain lever du soleil n'est pas totalement sûr ; qui sait si la fin du monde n'est pas pour la nuit prochaine ?), mais elle est plus ou moins grande selon la qualité des informations disponibles. Tout discours à propos de l'avenir doit tenir compte de cette imprécision, mais cette contrainte n'empêche pas de poursuivre un raisonnement rigoureux. Celui-ci, pour respecter cette rigueur, fait naturellement appel au formalisme des mathématiques.

Il semble légitime d'attribuer à Blaise Pascal la paternité des principaux concepts à la base du raisonnement probabiliste. Dans une lettre à Fermat (l'auteur du célèbre théorème dont la démonstration vient seulement d'être trouvée), il propose l'essentiel du cheminement logique fondant ce raisonnement. Il le fait à propos de la répartition d'un enjeu entre deux joueurs A et B : ceux-ci jouent à pile ou face, ils mettent au pot chacun 32 pistoles et conviennent que le premier d'entre eux qui aura gagné trois manches empochera la totalité de l'enjeu. Ils jouent la première manche, A la gagne ; à ce moment, ils sont obligés d'interrompre le jeu ; comment répartir les 64 pistoles pour tenir compte de l'espoir plus grand qu'a légitimement A de remporter la partie ?

La méthode proposée par Pascal consiste à représenter l'arbre des déroulements possibles pour la suite de la partie et à calculer de proche en proche, à partir de la fin, l'espérance de gain de A. Il suffit d'admettre que, à chaque bifurcation des branches de cet arbre, les deux possibilités qui se présentent ont la même probabilité (pile et face sont équiprobables).

Le schéma représente, à gauche du point X, la réalité connue, la manche jouée et gagnée par A ; à droite de X sont représentées les manches qui auraient pu se succéder si la partie avait eu lieu. Ce ne sont que des événements possibles (on dirait aujourd'hui « virtuels »), mais ils n'en ont pas moins des propriétés, puisque chaque manche pouvait être gagnée à égalité par A ou par B. On constate que dix déroulements de longueurs inégales sont envisageables compte tenu de la règle convenue. À l'aboutissement de chacun de ces trajets est indiqué ce que recevrait A : 64 pistoles ou 0 selon qu'il a emporté ou non trois manches.

À chaque bifurcation, il est possible de calculer la valeur du gain que A est en droit d'espérer : au point marqué Y, il sait qu'il recevra, après le coup encore à jouer, soit 64 soit 0, et chacun de ces cas est équiprobable, il peut donc estimer que cette position « vaut » 32 pistoles ; de même, en Z cette espérance vaut 48, car avec une chance sur deux il recevra 64 et avec une chance sur deux il se retrouvera en Y, qui vaut 32. Poursuivant cette remontée vers l'événement réel qu'est la première manche gagnée par A, on constate que finalement, en X, cette espérance vaut 44 pistoles. Il est donc logique de partager la mise en donnant 44 pistoles à A et 20 à B. Le fait d'avoir gagné la première manche est largement en faveur de A ; plus sans doute que ne l'indique l'intuition, mais le raisonnement tenu est assez rigoureux pour que les deux joueurs adhèrent sans discussion à cette conclusion.

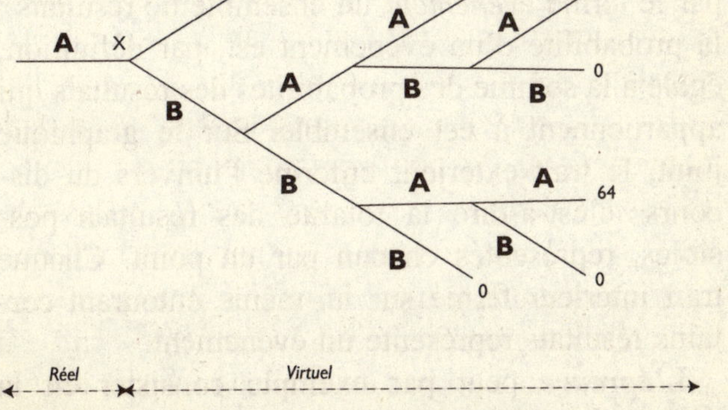

Pour aller plus loin et faire du raisonnement probabiliste un véritable outil, il est nécessaire de bien définir chacun des termes qu'il convient d'introduire dans le discours. Celui-ci repose sur l'emploi de quatre mots aux sens précis : *épreuve, résultats, probabilités, événements*[13].

Quelques définitions

Une *épreuve* est une observation ou une expérience, réelle ou imaginaire, dont l'aboutissement est l'un des *résultats* possibles ; nous admettons que l'on peut, à l'avance, énumérer ces résultats : r_1, r_2... r_n. Connaissant les conditions de cette épreuve, l'on s'estime capable d'affecter à chacun de ces possibles un nombre d'autant plus élevé qu'est plus grande notre confiance qu'il se produira. Ce nombre est sa *probabilité* : P_1, P_2... P_n. Par convention, on choisit ces *n* nombres de façon que leur somme soit égale à 1. Enfin, on désigne par le terme *événement* un ensemble de résultats ; la probabilité d'un événement est, par définition, égale à la somme des probabilités des résultats qui appartiennent à cet ensemble. Sur le graphique joint, le trait extérieur enferme l'univers du discours, c'est-à-dire la totalité des résultats possibles, représentés chacun par un point. Chaque trait intérieur fermé sur lui-même entourant certains résultats représente un événement.

L'*épreuve* peut par exemple consister en la désignation d'un individu au sein d'une popula-

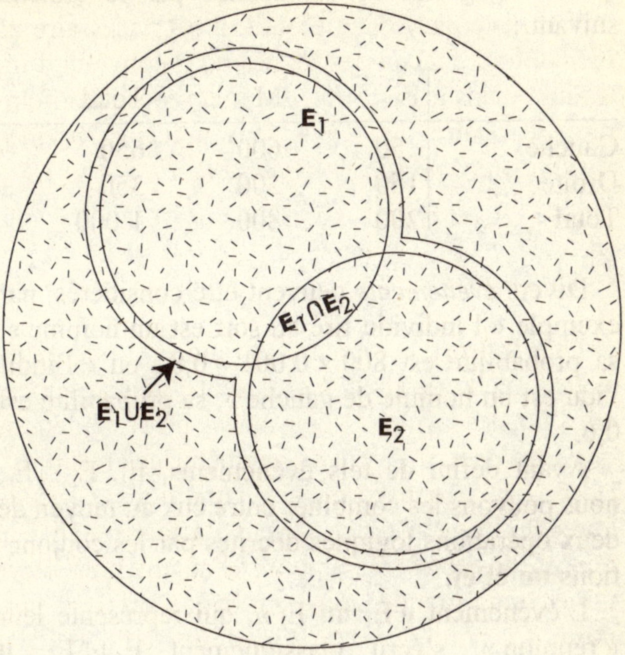

tion dont l'effectif est 1 000. Si nous admettons que les conditions de cette épreuve sont telles que tous les individus ont des chances égales d'être désignés, les 1 000 *résultats* ont tous une *probabilité* égale à 1/1 000. Mais toute autre hypothèse peut être adoptée en fonction des informations disponibles sur cette désignation.

Supposons que ces individus puissent être catalogués en fonction de deux caractéristiques, leur sexe, masculin ou féminin, et leur opinion politique, gauche ou droite, et que les effectifs des quatre catégories soient donnés par le tableau suivant :

	F	M	Total
Gauche	50	600	650
Droite	150	200	350
Total	200	800	1 000

Divers *événements* peuvent être considérés, par exemple « l'individu tiré au sort est un homme », sa probabilité est 800 × 0,001 = 0,8 ; ou « l'individu est un homme de gauche », sa probabilité est 0,6.

Ayant défini de tels événements, E_1, E_2... E_n, nous pouvons les combiner entre eux au moyen de deux opérations logiques décrites par les conjonctions **ou** et **et**.

L'événement « E_1 **ou** E_2 », qui représente leur « réunion », s'écrit classiquement $E_1 \cup E_2$, il comporte par définition l'ensemble des résultats de l'épreuve qui entraînent soit E_1 soit E_2.

L'événement « E_1 **et** E_2 », qui représente leur « intersection », s'écrit $E_1 \cap E_2$, il comporte par définition l'ensemble des résultats qui entraînent à la fois E_1 et E_2.

Pour le **ou**, un simple examen de notre schéma suffit à justifier l'équation

$$P(E_1 \cup E_2) = P(E_1) + P(E_2) - P(E_1 \cap E_2) \quad [1]$$

Le dernier terme est nécessaire car les résultats entraînant à la fois les deux événements sont comptés deux fois dans l'addition par laquelle commence le terme de droite. Par exemple, l'événement « l'individu désigné est soit une femme soit une personne de droite » a pour probabilité

0,20 + 0,35 - 0,15 = 0,40

Dans le cas où les deux événements sont *incompatibles*, c'est-à-dire où aucun résultat ne les entraîne tous les deux, l'équation [1] se ramène à

$$P (E2 \cup E2) = P (E1) + P (E2) \qquad [2]$$

qui montre l'équivalence entre le **ou** du discours probabiliste et le + de l'arithmétique.

Pour le **et**, par contre, un concept supplémentaire doit être introduit, celui de *probabilité conditionnelle* ; il nécessite de remplacer la vision statique des conditions de l'épreuve, telle qu'elle est donnée par notre tableau, par une vision dynamique.

Probabilités conditionnelles et théorème de Bayes

Reprenons donc les données de ce tableau et représentons par un arbre les événements possibles lorsque, ayant désigné un individu, on l'interroge successivement sur ses deux caractéristiques, sexe et opinion politique. Selon l'ordre dans lequel on les considère, on obtient l'un des deux schémas joints.

Dans ces dessins, chaque point représente une étape, chaque trait une information supplémentaire. Ainsi, le point *a* représente la désignation d'un individu ; le trait *a-b* l'information « il est de sexe masculin », le trait *b-d* « il est de gauche ».

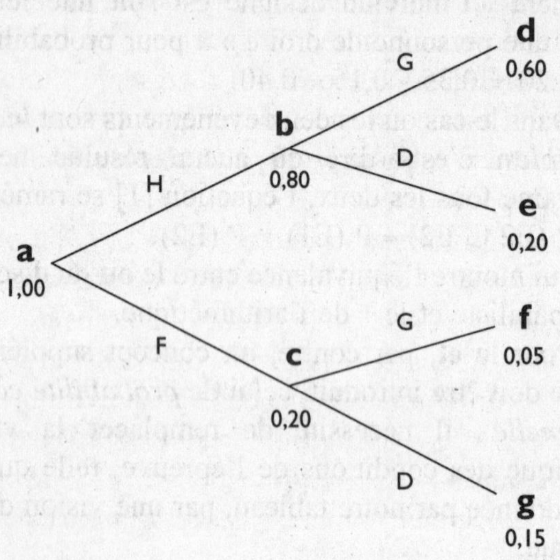
d
0,60
G
b
D
0,80
H
e
0,20
a
1,00
G
f
F
0,05
c
0,20
D
g
0,15

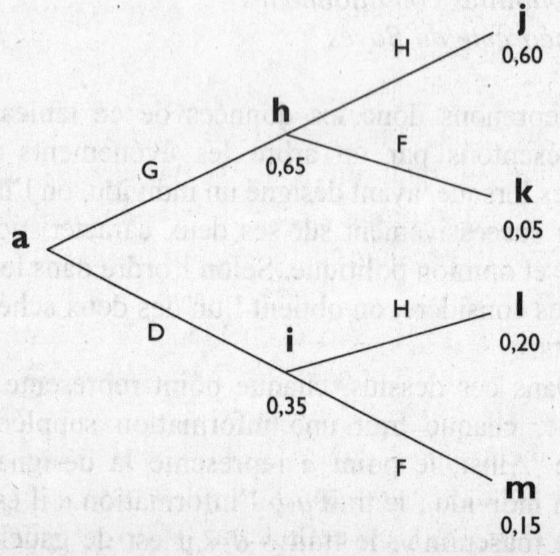
j
H
0,60
h
F
0,65
G
k
0,05
a
H
l
D
i
0,20
0,35
F
m
0,15

Le point *d* représente donc le constat « l'individu désigné est un homme de gauche ». De même sur le second dessin, le trait *a-h* représente l'information « il est de gauche », le trait *h-j* « il est de sexe masculin », le point *j* a donc la même signification que le point *d*.

D'après notre tableau d'effectifs, le point *a*, correspondant à l'événement « il est un membre de la population », a la probabilité 1, le point b « il est de sexe masculin » la probabilité 0,8, le point *d* « il est un homme de gauche » la probabilité 0,6. Le chemin *a-b* a multiplié la probabilité par 0,8 ; le chemin *b-d* l'a multipliée par 0,75. Que représente ce dernier nombre ? Il est lui aussi une probabilité, la probabilité que l'individu soit de gauche sachant qu'il est de sexe masculin. De même le chemin *c-f* qui fait passer de la probabilité 0,2 « une femme », à la probabilité 0,05 « une femme de gauche », multiplie la probabilité par 0,25 ; ce nombre est la probabilité d'« être de gauche sachant que l'on est une femme ». Ces probabilités introduisant le terme « sachant que... » sont définies comme des « probabilités conditionnelles ». Précisons ce terme de façon plus formelle.

Soient E_1 et E_2 deux événements définis sur une même épreuve ; notons ($E_1 \cap E_2$) leur « intersection », c'est-à-dire l'ensemble des résultats qui les entraînent l'un et l'autre ; la probabilité conditionnelle de E_1 sachant que E_2 s'est produit, que l'on note P ($E_1 \mid E_2$), est définie par

$P(E_1 | E_2) = P(E_1 \cap E_2)/P(E_2)$ ce qui peut s'écrire

$$P(E_1 \cap E_2) = P(E_2)\, P(E_1 | E_2) \quad [3]$$

et, par symétrie

$$P(E_1 \cap E_2) = P(E_1)\, P(E_2 | E_1) \quad [4]$$

Lorsque les deux événements sont indépendants, c'est-à-dire lorsque la connaissance de la survenue de l'un ne modifie pas la probabilité de l'autre, les équations [3] et [4] s'écrivent

$$P(E_1 \cap E_2) = P(E_1) \times P(E_2) \quad [5]$$

Relation qui montre l'équivalence entre le **et** du discours probabiliste et le × de l'arithmétique.

Egalant les termes de droite des égalités [3] et [4], il vient

$$P(E_1 | E_2) = P(E_1)\, P(E_2 | E_1)/P(E_2) \quad [6]$$

équation qui exprime le célèbre théorème de Bayes.

Le lecteur qui aura eu le courage de suivre jusqu'ici cette présentation risque fort d'être déçu et de regretter son effort. Il aura l'impression de tourner en rond dans des définitions sans grand profit pour la résolution de ses problèmes. Il aurait grand tort, car il est arrivé au bout de ses peines. En fait, cette dernière équation (qui n'est finalement qu'une forme de la règle de trois de notre enfance) nous donne le moyen de modifier avec rigueur la probabilité que l'on avait attribuée à l'événement E_1 lorsque l'on apprend qu'un événement E_2 lié à la même épreuve s'est effectivement produit.

C'est là une question centrale pour tout décideur qui doit choisir une voie sans connaître la totalité des conditions de ce choix. Il est à l'affût de toute nouvelle information. Le théorème de Bayes lui permet d'utiliser celle-ci au mieux. Or, il s'agit d'un domaine où la simple intuition est le plus souvent incapable de servir de guide. Nous allons en voir un exemple.

Un exemple médical

Imaginons un médecin, loin de tout hôpital, face à un patient dont les symptômes sont tels que sa maladie peut être due soit à un microbe, soit à un virus. Selon le cas, les soins sont différents ; il faut donc choisir entre ces deux possibilités. Compte tenu de l'état sanitaire local, de son expérience, de ses récentes consultations, ce médecin pense qu'il s'agit plutôt d'un virus et estime la probabilité de cette cause à P(V) = 0,8, d'où P(Mic) = 0,2. Un confrère consulté pense au contraire, compte tenu de sa propre expérience, qu'il s'agit plutôt d'un microbe, et propose pour la probabilité du virus P'(V) = 0,2, d'où P'(Mic) = 0,8. Quelle décision prendre ?

Une mallette-laboratoire est heureusement disponible ; elle permet de savoir si un prélèvement contient ou non le microbe suspecté ; malheureusement, elle est très peu fiable. L'expérience montre que lorsque ce microbe est effectivement présent, il n'est décelé que quatre fois sur cinq, et, lorsqu'il est absent, elle donne quand même une réponse positive une fois sur dix. Ces conditions de l'épreuve peuvent se traduire par les probabilités conditionnelles suivantes, où O représente la réponse « Oui, le microbe est présent » et N la négation :

P (O | Mic) = 0,8 P (O | Pas mic) = 0,10
P (N | Mic) = 0,2 P (N | Pas mic) = 0,90

Sachant le peu de fiabilité de leur instrument, les médecins effectuent cinq prélèvements. Les résultats sont successivement : Oui, Non, Oui, Non, Oui.

De quoi être découragé, semble-t-il. Quelle leçon tirer de réponses aussi contradictoires ? En fait, l'utilisation du raisonnement bayésien va leur permettre d'aboutir à une conclusion débouchant sur une décision. La formule [6] s'écrit ici

P(Mic | Observ) = P(Mic) × P(Obs | Mic) / P(Obs)

Dans le cas où le microbe est présent, la probabilité du premier résultat fourni par ce « laboratoire » est 0,8, celle du deuxième 0,2, et ainsi de suite, d'où

P(Observ | Mic) = $0{,}8^3 \times 0{,}2^2$ = 0,02048

Dans le cas où il n'y a pas de microbe cette probabilité est

P(Observ | Pas mic) = $0{,}1^3 \times 0{,}9^2$ = 0,00081

Pour le premier médecin, ces deux éventualités ont les probabilités 0,2 et 0,8 ; pour lui, la probabilité de l'observation réalisée est donc

P (Observ) = 0,2 × 0,02048 + 0,8 × 0,00081 = 0,04744

D'où, pour la probabilité du microbe compte tenu des résultats observés :

P (Mic | Observ) = 0,2 × 0,02048/0,04744 = 0,86

Quant à son confrère, qui donnait aux deux éventualités les probabilités 0,8 et 0,2, il obtient par un calcul identique P'(Mic | Observ) = 0,99

Cette fois, les deux confrères sont d'accord. Leurs opinions initiales étaient très divergentes, les conditions d'analyse étaient scandaleusement imprécises, les divers résultats semblaient incohérents ; pourtant, ces observations convergent vers la décision de soigner le malade en admettant la présence du microbe. La seule divergence entre les deux praticiens porte finalement sur le risque de l'erreur éventuellement commise ; elle est de 14 p. 100 pour l'un, de 1 p. 100 pour l'autre.

Insistons sur le rôle du cheminement bayésien. Les opinions initiales sont ce qu'elles sont. Elles peuvent être opposées, et cette opposition peut se traduire par des probabilités a priori très différentes. L'important est de tenir compte avec rigueur de toutes les informations peu à peu ajoutées. Si ces informations sont pertinentes, elles provoquent une modification des opinions de chacun et un rapprochement des probabilités qui traduisent ces opinions, rapprochement qui peut déboucher sur une prise de décision commune.

Génétique et raisonnement probabiliste

Chaque fois qu'un processus comporte des phases aléatoires, il est de bonne méthode de recourir au raisonnement probabiliste pour le décrire ou pour en tirer les conséquences. Tel est notamment le cas pour tout ce qui concerne la procréation, dont la phase essentielle est le tirage au sort de la moitié du patrimoine héréditaire des parents. La génétique est donc une discipline utilisant systématiquement cette forme de raisonnement. Tel est en particulier le cas de la « génétique des populations », qui s'intéresse au patrimoine génétique collectif. Évoquons ici trois des problèmes qu'elle étudie : la répartition de ce patrimoine entre les individus homozygotes et les individus hétérozygotes, la mesure de l'apparentement, et les conséquences de l'apparentement des géniteurs.

RÉPARTITION DES GÈNES DANS UNE POPULATION

Nous avons vu à propos des maladies génétiques, telle la mucoviscidose, que beaucoup d'entre elles étaient dues à des gènes dits récessifs qui ne s'expriment que chez les individus homozygotes – de génotype (mm) – qui en ont reçu deux exemplaires, tandis que les hétérozygotes – de génotype (mN) – sont indemnes.

Chez ces derniers, le gène responsable n'est donc pas immédiatement apparent. Comment connaître sa fréquence malgré sa capacité à se camoufler ? Le recours aux probabilités va permettre de répondre.

L'événement « le génotype de l'enfant est (mm) » résulte de l'intersection de deux événements : « le père a transmis le gène *m* et la mère a transmis le gène *m* ». Si nous admettons que ces deux événements sont indépendants, ce qui signifie que la présence de ce gène chez l'un n'est pas intervenue dans le fait qu'ils ont procréé ensemble, on peut appliquer la formule [5] et écrire

$P\ (mm) = P\ (\text{père} \rightarrow m) \times P\ (\text{mère} \rightarrow m) = f(m) \times f(m) = f(m)^2$

où f(m) est la fréquence des gamètes porteurs du gène *m*. En Europe, la fréquence de la maladie est de l'ordre une naissance sur 2 500, donc $f(m) = 1/(2\,500)^{1/2} = 1/50$.

La poursuite de notre raisonnement montre que la fréquence des hétérozygotes est

$P\ (Nm) = 2f(m)\ [1\text{-}f(m)] = 98/2\,500 = 4\ \%$

Sur les 60 millions de Français, 2,4 millions sont donc porteurs de ce gène sans le savoir.

MESURE DE L'APPARENTEMENT

Le mot *apparentement* est utilisé à propos de deux réalités bien distinctes : la parenté biologique, la parenté sociale. Cette dernière résulte des liens créés par des actes administratifs, mariage, adoption, et dépend de l'arbitraire des règles adoptées par les sociétés ; la première au contraire correspond à une réalité identique pour tous les êtres vivants sexués : la transmission de leur patrimoine génétique. Ici, nous n'évoquons que la parenté biologique.

Il semble alors facile de proposer une définition : sont apparentés les individus ayant des ancêtres communs ; leurs dotations génétiques comportent donc une partie commune provenant de ces ancêtres. Avec votre frère ou votre sœur, vous avez en commun votre père et votre mère, avec vos cousins une grand-mère et un grand-père. Par contre, vous n'êtes pas apparenté à l'instituteur du pays, car vous ne vous connaissez aucun personnage du passé figurant à la fois dans votre généalogie et dans la sienne.

Apparaît ainsi, dès le début de la réflexion, une caractéristique essentielle : l'apparentement dépend de l'information disponible. Certes, l'instituteur et vous n'avez aucun arrière-grand-parent commun, mais si vous remontiez deux ou trois générations plus loin dans le passé, peut-être pourriez-vous en trouver. En poursuivant cette recherche, dans l'hypothèse où les archives nécessaires sont accessibles, vous êtes même certain d'en trouver.

En effet, le nombre de vos ancêtres, en supposant qu'aucune union consanguine ne se soit produite, est multiplié par deux à chaque génération ; il est donc de 2^g, à la $g^{ième}$ génération, soit environ 1 000 à la dixième (il y a moins de trois siècles), un million à la vingtième, et un milliard à la trentième, à l'époque du règne de Philippe Auguste ! Ce dernier résultat est évidemment absurde, car l'effectif de l'humanité entière était alors inférieur à 300 millions. Cette absurdité est la preuve que l'hypothèse initiale – pas d'unions consanguines – ne peut avoir été respectée. En fait, sans même évoquer le mythe d'Adam et Ève, il est clair qu'il suffit de reconstituer des généalogies plongeant suffisamment loin dans le passé pour trouver des liens avec n'importe qui, fût-il né aux antipodes. Faut-il alors éliminer toute référence à la parenté, car ce terme ne peut correspondre à une réalité précise ?

Une voie permettant de donner sens, malgré tout, à ce concept, peut être explorée ; elle doit prendre en compte à la fois le fait que l'information généalogique est toujours partielle et le fait que le processus créant un lien entre les individus apparentés est aléatoire. La mesure de l'apparentement est donc nécessairement une probabilité.

Considérons les généalogies de A et de B ; si elles comportent des ancêtres communs, il est possible qu'un gène de A soit la copie d'un gène d'un de ces ancêtres communs et que B ait reçu lui aussi une copie de ce même gène. A et B possèdent alors, pour une partie de leur patrimoine, des gènes identiques. On est ainsi conduit à définir le *« coefficient de parenté » de A et B comme la probabilité pour qu'un gène pris au hasard chez A soit identique à un gène pris au hasard chez B pour la même caractéristique, c'est-à-dire que ces gènes soient tous deux des copies d'un même gène d'un de leurs ancêtres.*

Supposons connues les généalogies de deux individus ; pour mesurer leur apparentement, il convient de rechercher leurs ancêtres communs et de calculer le coefficient de parenté en tenant compte des diverses possibilités de transmission entre ces ancêtres et eux. Dans les cas les plus courants, ce calcul est simple. Si ces généalogies sont celles de deux frères ou sœurs F et S, et ne remontent pas plus loin que leurs parents, ceux-ci possédaient au total, pour toute caractéristique élémentaire, quatre gènes, *a*, *b*, *c*, *d*. Un gène choisi au hasard chez F est une copie de *a* avec la probabilité 1/4, de même celui choisi chez S, ces deux gènes peuvent donc être tous deux une copie de *a*, et par conséquent être *identiques*, avec la probabilité 1/16 ; il en est de même pour les gènes *b*, *c* et *d* ; la probabilité d'identité est donc de $4 \times 1/16 = 1/4$. Avec un raisonnement semblable, on trouve que le coefficient de parenté de deux cousins germains est de 1/16, de deux doubles cousins (dont les parents sont deux frères et deux sœurs) de 1/8, d'un oncle et de sa nièce de 1/8...

Mais lorsque les généalogies portent sur de nombreuses générations et comportent des ancêtres pouvant être joints par de multiples chemins, le calcul peut nécessiter le recours à des calculateurs. À titre d'illustration, la figure page 219 reproduit la généalogie de deux Indiens d'une tribu du Honduras.

Au milieu du XIXe siècle, huit Indiens Jicaques décidèrent d'échapper aux conditions de servage dans lesquelles ils étaient maintenus par les descendants des colonisateurs espagnols et par les métis ; ils se réfugièrent dans les montagnes et fondèrent un groupe autonome qui a jalousement préservé son isolement. Les mariages ont été conclus essentiellement entre les descendants des fondateurs ; la description de l'histoire génétique du groupe aboutit donc à des schémas tels que celui-ci. Les deux personnes à la base de ce dessin sont un frère et une sœur, mais leurs parents ont un si grand nombre d'ancêtres communs que la liaison génétique entre eux peut difficilement être décrite par des mots : les mères de leurs parents étaient des sœurs, leurs pères étaient demi-frères, deux de leurs arrière-grands-parents étaient frère et sœur, cousins d'un troisième, oncles d'un qua-

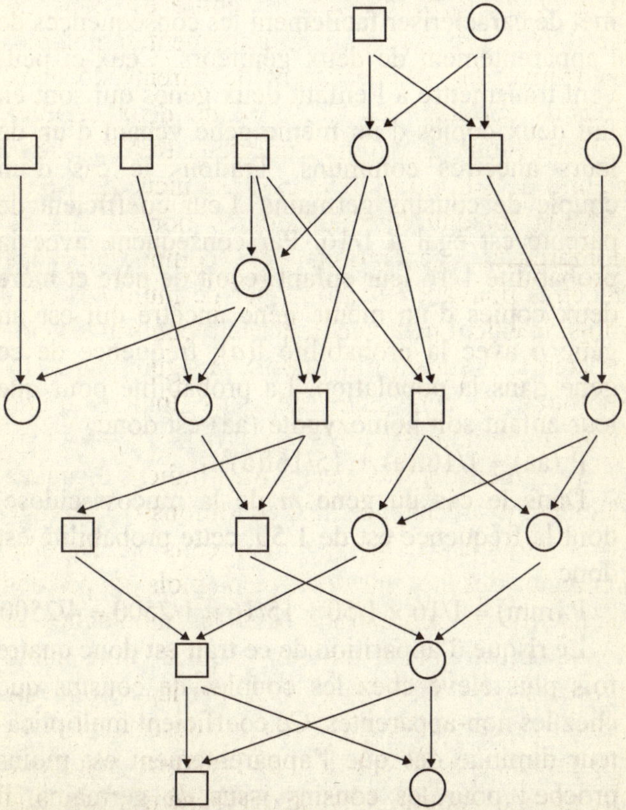

trième... La prise en compte de tous les cheminements de gènes impliquant l'identité aboutit à un coefficient de parenté de 0,37, moitié plus que pour des frères ou sœurs « ordinaires ».

CONSÉQUENCES DE L'APPARENTEMENT DES PROCRÉATEURS

La mesure proposée pour l'apparentement permet de caractériser facilement les conséquences de l'apparentement de deux géniteurs. Ceux-ci peuvent transmettre à l'enfant deux gènes qui sont en fait deux copies d'un même gène venant d'un de leurs ancêtres communs. Traitons le cas d'un couple de cousins germains. Leur coefficient de parenté est égal à 1/16. Par conséquent, avec la probabilité 1/16 leur enfant reçoit de père et mère deux copies d'un même gène ancêtre qui est un gène *a* avec la probabilité f(*a*), fréquence de ce gène dans la population. La probabilité pour que leur enfant soit homozygoté (aa) est donc

$$P\ (aa) = 1/16f(a) + 15/16f(a)^2$$

Dans le cas du gène *m* de la mucoviscidose, dont la fréquence est de 1/50, cette probabilité est donc

$$P\ (mm) = 1/16 \times 1/50 + 15/16 \times 1/2500 = 4/2500$$

Le risque d'apparition de ce trait est donc quatre fois plus élevé chez les couples de cousins que chez les non-apparentés. Ce coefficient multiplicateur diminue dès que l'apparentement est moins proche ; pour les cousins issus de germains, il n'est plus que de 1,8. Remarquons enfin que le coefficient de parenté a la même valeur pour les couples demi-frère-sœur, oncle-nièce ou doubles-cousins, le risque génétique est donc identique alors que les regards de la société sur de tels couples sont bien différents.

LES EXAMENS, AIDE OU JUGEMENT ?

La démarche intérieure aboutissant à une compréhension nouvelle, qu'il s'agisse de maths, de physique ou de philosophie, est toujours hésitante, faite d'avancées, de reculs, d'impasses explorées, d'obstacles paraissant infranchissables et soudain dépassés, de découragements devant des mots ou des formules qui semblent autant d'ennemis, d'enthousiasmes aussi lorsque des évidences sont soudain entraperçues.

Le rôle de l'enseignant est de favoriser cette démarche, qui est celle de la construction de l'intelligence, réalisation d'un édifice aux multiples fonctions dont il faut emboîter les divers éléments en respectant leur cohérence. Dans la mesure du possible, il participe à ce cheminement en mettant ses pas dans ceux de l'enseigné pour lui signaler les erreurs d'interprétation avant d'être trop engagé dans des voies fautives. Mais il doit simultanément lui laisser la liberté de s'égarer provisoirement : c'est bien souvent après constatation d'une erreur que le raisonnement juste est réellement assimilé.

Enseigner est donc un art, car il faut tenir

compte de contraintes parfois contradictoires, et un art exigeant une grande modestie, car le chemin finalement découvert par l'élève pour parvenir à comprendre est souvent bien différent de celui qu'avait parcouru l'enseignant lui-même. Les institutrices qui apprennent à lire aux jeunes enfants le constatent : durant de longs mois, quelle que soit la méthode utilisée, ceux-ci ne savent pas lire, et soudain, on ne sait quel événement intérieur a pour conséquence qu'ils savent lire presque couramment, mais la cause de cette véritable mutation personnelle reste inconnue.

Il en est de même à tous les niveaux de l'apprentissage, de l'école maternelle à l'université, qu'il s'agisse d'apprendre les quatre opérations ou de saisir la signification de l'« effet tunnel » en mécanique quantique. Le fait même que les physiciens aient éprouvé le besoin de donner une désignation aussi évocatrice à ce phénomène bien abstrait concernant le comportement des particules élémentaires est le signe de leur besoin de le rattacher à une réalité de la vie courante accessible à notre imagination.

Le dialogue qui permet le cheminement simultané de l'enseignant et de l'enseigné n'est efficace qu'au prix d'une technique de communication comprenant essentiellement des successions de questions et de réponses. Lorsque les questions viennent de l'enseignant et les réponses de l'enseigné, cette étape du dialogue est désignée comme un *examen*. Malgré les apparences, l'ambiguïté de ce mot nécessite que l'on s'y arrête, car il concerne des activités ayant des objectifs divers.

Des examens, pour quoi faire ?

Une finalité souvent oubliée des examens concerne l'enseignant lui-même. Son angoisse fondamentale est de ne pas avoir été compris. Pour s'assurer que son message est passé, il ne peut que poser des questions, faire résoudre des problèmes, débusquer les incompréhensions. Les examens qu'il fait passer, même s'ils ont officiellement d'autres objectifs, servent d'abord à répondre à cette angoisse et à tirer les conséquences de ce qu'il constate pour modifier éventuellement ses méthodes. « Lorsque l'élève n'a pas compris, c'est que le professeur a mal enseigné. » Ce proverbe des universités américaines doit être considéré comme vrai en toutes circonstances. Il ne s'agit pas de culpabiliser l'enseignant, mais de l'amener à tenir compte de la diversité de ses interlocuteurs. Son réflexe devant un échec de l'élève devrait être de mettre en cause la façon dont il a présenté le sujet.

Utile au professeur, l'examen est nécessaire à l'élève, car il est une phase du processus de compréhension. Toute acquisition d'une notion nouvelle est l'aboutissement d'un entrelacs d'informations reçues et de questions peu à peu affinées. Il faut avoir remis en cause à plusieurs reprises une compréhension partielle, imparfaite, provisoire, avant de maîtriser réellement un concept. Les examens servent avant tout à inciter à cette remise en cause.

La paresse intellectuelle, inclination à vrai dire plus commune que la paresse physique, nous incite à nous satisfaire d'un semblant de compréhension. L'examen est là pour nous débarrasser de cette dangereuse illusion : je croyais avoir compris, je constate que je ne peux pas résoudre tel problème, je n'avais donc pas vraiment compris, je reviens questionner celui, maître ou livre, qui est chargé de m'expliquer. Ce parcours en boucle comporte des allers et retours d'autant plus nombreux que l'exigence de compréhension est plus rigoureuse.

Constater ce rôle de l'examen amène à affirmer cette évidence : les examens les plus utiles à l'élève sont ceux auxquels il échoue.

Cette proposition semblera à beaucoup paradoxale, car nous avons pris l'habitude de ne donner d'importance qu'à d'autres fonctions de l'examen : porter un jugement sur la capacité des élèves à suivre telle ou telle voie, et même les hiérarchiser.

Rencontrer ou juger

Par une aberration dont l'étrangeté ne nous est plus évidente tant elle fait partie de notre quotidien, les acteurs du système éducatif sont chargés d'exercer deux fonctions : d'une part aider, tout au long de leur scolarité, les élèves à construire leur intelligence, d'autre part juger, en fin de course, le résultat de ces efforts, et distribuer récompenses et blâmes.

Ces deux fonctions peuvent certes, dans certaines circonstances, se renforcer l'une l'autre, mais elles sont le plus souvent antinomiques, parfois incompatibles. Il faut choisir son camp. Être dans le camp de l'élève consiste à ne rechercher, en toute occasion, que la progression de sa compréhension, la mise en place d'un regard à la fois autonome et lucide sur le monde. Il ne s'agit pas d'être laxiste, d'accepter les erreurs sans réagir, mais d'utiliser ces erreurs pour progresser.

C'est, au contraire, être dans le camp opposé que de corriger un examen avec le seul objectif de porter un jugement, soit sous une forme abrupte : « reçu » ou « recalé », soit, ce qui est pire, sous la forme plus nuancée d'une note chiffrée enfermant le candidat dans l'univers unidimensionnel d'une hiérarchie.

Que cette seconde fonction soit nécessaire pour que la société puisse fonctionner en respectant les règles admises en commun, c'est possible. Mais pourquoi la confier à ceux dont l'activité permanente implique une attitude opposée ? Devant une erreur, pendant les neuf mois de l'année scolaire, le rôle de l'enseignant est de recommencer, autant de fois qu'il le faut, une explication ; le jour de l'examen final, ce rôle se résume à mettre une mauvaise note. Comment passer ainsi d'une attitude d'ouverture, de dialogue, de participation, à une attitude d'écoute impassible, impersonnelle et uniquement critique ?

Le malaise provoqué chez l'enseignant par ce retournement de veste est, pour une grande part, à l'origine du succès des questionnaires à choix multiples, les célèbres QCM utilisés dans ces examens-jugements.

Des QCM à la perversion du système éducatif

« Quel âge a Brigitte Bardot aujourd'hui ? » Réponse à cocher : « 26 ans, 52 ans, 72 ans » ; « Qui a gagné le Tour de France en 1984 ? » Réponse : « Bobet, Poulidor, Coppi ». On comprend que ceux et celles qui dorent idiot sur les plages essaient de se désennuyer en forçant leur esprit à se fixer sur ces questions stupides dont les réponses n'ont d'intérêt pour personne. On comprend moins que cette façon d'interroger se soit introduite dans le dialogue entre enseignants et enseignés.

La raison du succès de cette formule est évidemment qu'elle facilite grandement le travail du correcteur et qu'elle élimine toute contestation. La réponse est juste ou fausse et un simple cache posé sur les copies permet d'attribuer une note rigoureuse en quelques secondes. Progrès suprême, un ordinateur peut calculer la note. Qui s'en plaindrait ?

Le malheur est qu'il s'agit d'un double dévoiement du processus éducatif : oubli de son véritable objectif, erreur sur le critère de réussite. Il n'est plus question, en effet, de compréhension active ; il ne reste que l'inventaire d'un savoir mort.

Certes, le recours aux QCM peut être un « truc » pédagogique donnant à une interrogation l'apparence d'un jeu ; celui qui les pose peut mettre l'accent sur les pièges logiques en proposant quelques réponses erronées ayant l'apparence de la vérité. Mais cette méthode n'est efficace que si le passage par les QCM n'est qu'une étape suivie par un dialogue entre l'enseignant et l'enseigné.

Imaginons par exemple que, s'inspirant de l'expérience sans doute mythique de Galilée, l'enseignant pose la question : « Lançons simultanément du haut de la tour de Pise une grosse pierre et une petite pierre ; laquelle atteindra le sol la première ? » L'important n'est pas de fournir la réponse exacte, mais de justifier avec de bons arguments la réponse proposée, qu'elle soit bonne ou mauvaise. La discussion qui s'ensuit est d'autant plus féconde que la réponse erronée est plus facilement argumentée que la réponse vraie, et ceux qui la soutiennent ne sont pas vexés d'être dans l'erreur lorsqu'ils apprennent qu'Aristote, tous les scientifiques et tous les philosophes ont commis la même faute qu'eux, jusqu'à ce que Galilée découvre la vérité.

Cette question peut certes être formulée sous forme de QCM en proposant trois réponses : « La petite, La grosse, Les deux en même temps ». Mais tout l'intérêt de la réflexion sur les erreurs disparaît. Il ne reste plus qu'un sondage dépourvu de signification, car un tiers de ceux qui répondent n'importe quoi, au hasard, fournissent la bonne réponse.

Les QCM garantissent l'objectivité du correcteur, ils lui procurent un gain de temps, mais ils lui permettent surtout de se camoufler derrière la sécheresse d'un exercice qui ravale l'aboutissement d'un parcours scolaire à l'étalage d'un savoir. Là où l'on devrait s'intéresser à la finesse des réflexions, à la pertinence des remises en cause, on ne peut mesurer que la capacité de mémorisation. Qu'un minimum de savoir soit nécessaire, personne ne nie cette évidence. Mais l'accroître n'est pas un objectif prioritaire. Le cerveau n'est pas une bibliothèque que l'on remplit. À quoi sert de l'encombrer du contenu d'une encyclopédie si l'on est capable d'aller retrouver dans celle-ci les informations nécessaires ? Un savoir n'est utile que s'il participe à des confrontations intérieures qui en font l'origine d'un cheminement nouveau.

Le célèbre conseil : « Si des hommes ont faim, ne leur apportez pas du poisson, apprenez-leur à pêcher » est valable aussi pour ceux qui ont soif de connaissances : n'essayez pas de leur mettre dans la tête les réponses à toutes les questions ; apprenez-leur à lire et à se servir des livres. Chacun en est d'accord, mais tout se passe comme si le consensus général était à l'opposé, comme si l'on avait oublié l'aphorisme souvent répété de Montaigne : « Savoir par cœur n'est pas savoir », comme si l'on acceptait une véritable perversion de l'éducation en dévoyant son objectif.

Avec les QCM les étudiants ne sont plus incités à assimiler des concepts nouveaux, à participer à des débats, à vivre l'aventure de la connaissance ; ce serait là du temps perdu. Ils sont tendus uniquement vers l'accumulation des réponses supposées justes à des questions simples. C'est toute la dimension humaine de la transmission d'une génération à la suivante qui est neutralisée.

C'est aussi la capacité critique qui est non seulement oubliée mais considérée comme néfaste. Elle est pourtant le levain de la compréhension. La généralisation des QCM prépare des générations d'individus soumis, acceptant aussi bien la délimitation de leur champ de réflexion par un programme imposé que le remplacement des commentaires attendus de leurs enseignants par une note fournie par un ordinateur. Aboutir à cette soumission, n'est-ce pas la pire perversion du système éducatif ?

QUELQUES INTERROGATIONS
à soumettre à tous les citoyens

QUELQUES INTERROGATIONS

J'ai [illegible] seulement [illegible] tous les moyens [illegible]

[illegible]

Certes, je suis ce [illegible]

[illegible]. Peut-être d'étoile [illegible]

L'anecdote est célèbre : un envoyé du Grand Turc est arrivé un jour à la cour de Louis XV ; à ce barbare, on a montré pour l'éblouir toutes les merveilles de Versailles, les salons, les tableaux, les jardins ; après quoi on lui a demandé ce qui l'avait le plus étonné, et le barbare a montré qu'il avait de l'esprit : « Ce qui m'étonne le plus ici est de m'y voir. »

Grâce à la science, je me promène dans l'Univers ; les récentes avancées de la connaissance me permettent de découvrir des galaxies qu'aucun œil autre qu'humain ne verra jamais, d'imaginer des trous noirs qu'aucune intuition autre qu'humaine ne concevra jamais, de décrire des processus qu'aucune intelligence autre qu'humaine ne comprendra jamais ; je suis dans ce cosmos plus émerveillé que le Turc à Versailles ; mais à la même question, je donnerais la même réponse. Ce qui m'étonne le plus est que je sois là, et, ce qui est plus fantastique encore, que je sois capable de m'en étonner.

Certes, je suis de la même étoffe que tout ce qui m'entoure. Poussière d'étoile parmi d'autres, j'ai été produit par les mêmes cheminements. Mais je le sais. Et cette compréhension fonde ma singularité.

La question, Hamlet, n'est pas *« To be or not to be »* ; la question est « Se savoir être ou ne pas se savoir être ». Être est à la portée du moindre caillou. « Je suis » est simplement le constat de mon appartenance au monde réel. Mais « Je sais que je suis » est le constat de ma capacité à m'échapper de ce réel, à le contempler comme si je lui étais extérieur, à imaginer un modèle capable de le décrire, à concevoir des explications aux événements dont il est le théâtre.

La construction de ce modèle est l'objectif de la science. Celle-ci ne peut être que le résultat, toujours en progression, d'un effort collectif de compréhension. Isolé, chaque humain ne peut que rester enfermé dans son statut de créature ; inséré dans la communauté, il peut participer à l'œuvre de tous qu'est la progression de la science, et atteindre ainsi le statut de cocréateur.

Le point crucial est donc d'organiser les rapports entre les hommes de telle façon que toute rencontre soit la source non d'un heurt de chacun contre l'autre, mais du dépassement de chacun grâce à l'autre ; autrement dit que leur ensemble ne constitue pas une foule, mais un peuple.

Pour y parvenir, il leur faut, avant tout, être lucides sur eux-mêmes et sur la réalité qui s'impose à eux ; il leur faut donc profiter des apports de la science.

Finalement, développée afin de décrypter les

signaux reçus par nos sens, la science peut devenir le fondement du contrat entre les personnes, contrat qui définit la morale de l'humanité. À moins d'admettre, ce qui résulte d'un cheminement tout différent, que ce contrat nous est imposé par Dieu.

La morale : un contrat entre Dieu et l'Homme ?

Pour la plupart des cultures, les règles de la vie en commun sont vues comme le reflet d'un contrat entre l'Homme et Dieu, ce que résume Ivan Karamazov en s'écriant « Si Dieu n'existe pas, tout est permis ». Les raisonnements ou les faits apportés par la science n'ont alors aucun rôle à jouer dans la recherche de comportements permettant de vivre ensemble.

Le contrat présenté par les religions résulte souvent d'une révélation au cours de laquelle Dieu s'est exprimé. Il y a quelques millénaires, Moïse est monté sur le Sinaï ; là, il a entendu la parole de Dieu ; il en est redescendu avec les Tables de la Loi prescrivant Ses commandements au peuple juif. Il y a quatorze siècles, Mohammed a entendu la parole d'Allah et l'a retransmise à ceux qui l'entouraient, fixant ainsi les règles de vie du monde musulman. La Bible, le Coran, d'autres textes considérés comme sacrés, précisent, au nom de Dieu, comment les hommes doivent se comporter les uns avec les autres ; ils constituent les fondements de la morale.

Tant que ces révélations ne sont pas mises en doute, les seules difficultés résultent de changements dans les conditions de la vie en commun, en particulier des pouvoirs nouveaux apportés par les avancées techniques. Ces novations peuvent provoquer une incohérence entre les rites et les moyens d'agir. Il faut alors modifier l'interprétation jusqu'alors adoptée de la parole divine et adopter de nouvelles règles de vie. Des assemblées de sages sont chargées de ces mises à jour.

Un exemple en est donné par l'attitude de l'Église romaine lorsque, au XIe siècle, un nouveau moyen de faire la guerre a été mis au point, l'arbalète. Cette arme est si efficace qu'elle bouleverse l'équilibre des batailles et accroît dramatiquement le nombre des victimes (le roi d'Angleterre, Richard Cœur de Lion, a, malgré sa cuirasse, été tué par un trait d'arbalète). La question a été alors posée aux autorités de la chrétienté : l'usage de cette arme est-il moralement acceptable ? Un concile réuni au Latran en 1139 a estimé possible de répondre en interprétant les Saintes Écritures. Même si la réponse nous paraît aujourd'hui pittoresque (usage interdit lors des batailles entre chrétiens, permis lors des combats contre des non-chrétiens), les règles de la morale avaient été élargies à des problèmes nouveaux sans que les bases de cette morale aient été ébranlées.

Tel n'est plus le cas lorsqu'un doute est exprimé par certains sur la réalité même de la parole révélée. Par définition, cette révélation échappe au domaine du prouvable, qui est celui de la science.

Aucun argument scientifique ne peut démontrer que Moïse a véritablement entendu la parole de Dieu, ni démontrer le contraire. Le croire est du domaine de la foi, non de la raison raisonnante.

Même si cette réalité est admise et si la sincérité de celui qui a reçu la révélation n'est pas en question, l'inévitable interprétation du message enlève à celui-ci son caractère absolu. Il a nécessairement été traduit dans un langage humain, celui d'un pays, d'une époque ; il a été compris dans un certain contexte historique en fonction d'une culture véhiculant des valeurs spécifiques ; il peut être compris tout différemment dans un autre contexte.

Les fondements de la morale sexuelle proposés par la religion chrétienne dans la Première Épître aux Corinthiens en donnent un exemple caricatural. Saint Paul y décrit les rapports entre hommes et femmes tels que voulus, selon lui, par Dieu. Il fonde son raisonnement sur le fait, rapporté dans la Genèse, que la femme a été « tirée de l'homme » ; il en conclut qu'elle doit lui être soumise. L'histoire pittoresque de la côte d'Adam servant à modeler Ève ne peut plus aujourd'hui être regardée autrement que comme une légende ; la prendre comme point de départ du développement d'une morale risque fort de mettre en évidence le caractère arbitraire de celle-ci, de justifier un scepticisme généralisé, et d'aboutir au laxisme du « tout est permis ».

L'histoire montre que les capacités d'interprétation des assemblées de sages sont pratiquement sans limites et permettent des arrangements avec le ciel même lorsque la consigne divine est apparemment très claire. « Tu ne tueras point » semble un ordre sans ambiguïté ; pourtant, aujourd'hui, le plus puissant pays du monde, qui proclame sa soumission aux ordres de Dieu jusque sur ses billets de banque, ne trouve aucune incohérence à appliquer la peine de mort.

Affirmer « Dieu le veut » a longtemps suffi à fonder les règles nécessaires pour organiser la vie en commun ; la morale n'était que l'obéissance à des ordres venus d'ailleurs. Il se trouve que cette affirmation, pour nombre de nos contemporains, n'est plus suffisante. Comment trouver des arguments permettant une adhésion de tous ?

L'éthique : un contrat entre l'Homme et l'Homme

La science peut, il me semble, en raison de son caractère universel et surtout de la lucidité qu'elle apporte sur la réalité humaine, tenter de fournir ces arguments. Le contrat qu'elle peut proposer lie les hommes les uns aux autres.

Toute religion se présente comme universelle ; mais force est de constater qu'elle se laisse généralement infléchir par des influences culturelles totalement étrangères au message initial. À la longue, les différences d'interprétation s'approfondissent au point de mettre en place des Églises dont l'activité principale est de se combattre les unes les autres, combats qui commencent par des joutes oratoires entre théologiens et se poursuivent par les monstrueuses batailles sanglantes des guerres de religion.

La recherche scientifique au contraire a su préserver l'unité de son langage. Les discussions sont certes vives dans les congrès entre spécialistes, mais pour l'essentiel elles expriment de vraies difficultés, non des querelles de mots. Le théorème de Pythagore ou, plus récemment, celui de Gödel sont formulés de la même manière dans toutes les cultures, toutes les langues.

Non seulement le discours scientifique a la particularité d'être universel et cohérent, mais sa finalité est de s'approcher au plus près d'une réalité inaccessible ; il peut donc jouer un rôle central dans l'élaboration des façons de vivre ensemble. Or, il nous apporte aujourd'hui une image de nous-mêmes, et de l'univers qui nous a produits, bien différente de ce que nous avions pu croire lorsque nous devions nous contenter des mythes forgés par notre imagination ou de ce que suggéraient, il y a quelques siècles, les premiers balbutiements de la science.

Il ne s'agit pas de demander aux scientifiques, comme autrefois aux Églises, d'apporter « la » solution aux problèmes de morale, mais de préciser les données de ces problèmes et de participer à la cohérence entre les comportements adoptés et les impératifs du monde réel. Deux exemples des interrogations nouvelles qui se posent à nos sociétés peuvent baliser un cheminement souhaitable.

La guerre nucléaire

La découverte de l'énergie incluse dans la matière et la mise au point de méthodes permettant de libérer cette énergie ont provoqué une mutation dans l'« art de la guerre ». Alors qu'il fallait, il y a dix siècles, lancer des centaines de flèches, il y a cent ans tirer des dizaines d'obus, pour espérer tuer un soldat ennemi, une seule bombe suffit pour anéantir à coup sûr une métropole et ses millions d'habitants. En 1945, dans la recherche d'une victoire rapide contre le Japon, les autorités américaines n'ont été sensibles qu'à l'amélioration qu'apportait l'arme atomique dans la capacité de destruction. Dans la compétition froide qui a suivi la guerre, Russes et Américains n'ont songé chacun qu'à éviter d'être dépassés en puissance par l'adversaire potentiel. La réflexion globale tenant compte de l'ensemble des conséquences de cette mutation sur le destin de l'humanité n'a été entreprise qu'après de nombreuses années. Ce retard est le signe d'une inconscience qui, avec le recul, apparaît terrifiante. Tout s'est passé comme si les chefs d'État avaient été dépassés par les scientifiques, et les scientifiques dépassés par les ingénieurs.

Ce n'est qu'en octobre 1983, trente-huit ans après Hiroshima, qu'un colloque rassemblant des experts de multiples disciplines, les uns venant de l'Est, les autres de l'Ouest, a confronté les conclusions auxquelles parvenaient leurs simulations d'un conflit mettant en jeu les armes nucléaires A et H. Ainsi est apparu le concept d'« hiver nucléaire » ; les changements de climat entraînés par l'explosion d'une fraction même faible du stock de bombes disponible mettraient en danger la survie de l'humanité. L'équilibre de la terreur que l'on maintenait vaille que vaille débouchait sur une question proprement « morale » : quel objectif humain mérite que l'on mette en cause, pour le défendre, l'existence de l'humanité ?

Les autorités religieuses ont, elles aussi, réagi avec lenteur à ce changement radical de nature des outils utilisés pour faire la guerre. En France, ce n'est qu'en 1983 que l'assemblée des évêques s'est posé la question de la légitimité de la possession, de l'usage éventuel ou de la menace d'emploi, de l'arme nucléaire : deux prélats seulement sur cent vingt ont émis des réserves.

En fait, les premiers à oser réfléchir aux conséquences de ce qu'ils avaient déclenché ont été les théoriciens de la physique, mais ils n'ont pas su provoquer une prise de conscience collective. Einstein, Oppenheimer ont été de ceux dont les découvertes ont rendu possible la réalisation de la « bombe » ; constatant les catastrophes humaines en préparation, ils ont consacré, individuellement, la fin de leur vie à lutter contre son emploi, sans succès mais en gardant l'espoir que leur message serait un jour entendu.

Cette lutte est difficile, car il s'agit de s'opposer à des idées autrefois raisonnables, et qui sont devenues folles. Il était vrai, mais ce ne l'est plus, que, dans un conflit, pour vaincre, il faut être le plus fort (« Nous vaincrons parce que nous sommes les plus forts », disaient les affiches placardées dans Paris en avril 1940). Aujourd'hui, vaincre est sans objet si le vainqueur est englouti dans l'hiver nucléaire provoqué par sa propre victoire. L'arme nucléaire remet en question jusqu'aux définitions du Mal et du Bien. Le renouveau conceptuel nécessaire peut être obtenu plus facilement en s'adressant aux scientifiques habitués aux changements de paradigmes qu'aux spécialistes de la morale encombrés de vieilles certitudes.

Le génie génétique

La découverte de la molécule d'ADN comme support de toutes les informations génétiques a bouleversé de fond en comble les perspectives d'action sur les êtres vivants, notre espèce incluse. Jusque-là, il n'était possible d'intervenir que sur les conséquences de ce que la nature avait apporté à chacun ; le donné initial, le patrimoine génétique, était définitif. Il était seulement possible d'en modifier les effets, par exemple, pour les espèces domestiquées, afin d'améliorer selon nos désirs les caractéristiques des animaux d'élevage ou, pour notre propre espèce, afin de remédier aux malfaçons responsables de certaines maladies. Soudain, l'on a eu accès au contenu de la « boîte noire ». Dans une première phase, les biologistes se sont contentés de comprendre ce qui s'y déroulait. En moins de deux décennies, ils ont pu décrypter le code génétique, c'est-à-dire la correspondance entre les informations inscrites sur les molécules d'ADN et la structure des protéines réalisées à partir de ces molécules. Puis, très rapidement, ils ont pu agir sur les processus en œuvre.

À vrai dire, ils y ont été aidés, de façon inespérée, par des outils que la nature elle-même utilise, les « enzymes de restriction », véritables ciseaux à couper l'ADN en des points précis, et les « ligases », enzymes capables de relier deux segments d'ADN. Les enzymes de restriction sont sécrétées par des micro-organismes tels que les bactéries pour se défendre contre l'invasion des virus ; chacune de ces enzymes reconnaît un segment d'ADN comportant une séquence de nucléotides bien définie et provoque la coupure de l'ADN en ce site. On a pu constituer une panoplie de plusieurs centaines de telles enzymes correspondant à autant de séquences. En soumettant une molécule d'ADN à quelques-unes d'entre elles, on peut la découper là où on le désire, enlever des segments, les remplacer par d'autres, bref, modifier le contenu de la boîte noire. Ces techniques ne sont encore que balbutiantes, mais les progrès sont rapides ; il est clair que l'on pourra bientôt manipuler en fonction de notre besoin le patrimoine génétique des animaux (ce sera plus rapide que la sélection, dont l'unité de temps est la génération) ou de nous-mêmes (ce sera plus efficace que la lutte contre les effets éventuellement néfastes de ce patrimoine).

Les physiciens ont attendu Hiroshima et Nagasaki pour s'effrayer du pouvoir qu'ils s'étaient donné. Les biologistes ont très rapidement eu peur des perspectives qu'ils ouvraient. Pour la première fois sans doute dans l'histoire des sciences, ils ont spontanément décidé un moratoire, c'est-à-dire un arrêt provisoire de leurs recherches. Dans la petite ville californienne d'Asilomar, une conférence réunie en 1975 a été à l'origine de réglementations s'efforçant de limiter les risques des expériences ; l'accent était alors mis sur l'éventuelle production de virus nouveaux dont la prolifération serait incontrôlable. Par la suite, ces dangers se sont révélés moins graves qu'on ne le craignait ; les précautions paraissant nécessaires ont été prises ; elles n'ont pas entravé les progrès du génie génétique qui s'est développé dans de multiples directions, donnant l'impression d'une course où l'efficacité est toujours en avance d'une étape sur la lucidité.

Tant que les expériences ne concernent que les végétaux ou les animaux, la réflexion peut se contenter de considérations techniques ou économiques. Dès que notre espèce est en cause, il n'est pas possible de négliger les interrogations fondamentales impliquant aussi bien les philosophes et les théologiens que les biologistes. Comment situer la frontière entre des actes ayant comme finalité le recul de la maladie et de la souffrance, dans la continuité de l'attitude médicale, et les projets qui font fi de la dignité des personnes et ne sont motivés que par le goût de l'exploit ou, pire, par leurs avantages économiques ?

Notre société a accepté l'unidimensionnalité de la valeur. Toute découverte, toute technique, est finalement ramenée à un nombre, son coût pour ceux qui financent, son bénéfice pour ceux qui en vendent le résultat. Les enjeux réels sont ainsi occultés et des décisions dangereuses pour l'humanité peuvent être adoptées. Un exemple en est fourni par la monstruosité qu'est la prise de brevet pour certaines séquences de l'ADN. Que l'invention d'un procédé nouveau soit brevetée est dans la logique de notre société occidentale ; mais comment justifier de breveter la description d'un processus mis en place par la nature ? Ceux qui se l'approprient sous prétexte qu'ils ont été les premiers à le décrypter se conduisent comme les explorateurs d'autrefois plantant le drapeau de leur nation sur un territoire. Ils n'ont même pas l'excuse d'un orgueil patriotique, leur seule finalité est le profit de leur entreprise. Imagine-t-on Archimède brevetant son « principe » ou Pythagore son théorème ?

Face à de telles aberrations, la réflexion nécessaire a été confiée à des comités d'éthique créés au niveau des hôpitaux ou des États. Mais ce ne peut être qu'une première étape. C'est à la collectivité humaine tout entière qu'il faut donner la responsabilité de justifier le respect dû à chaque homme.

Fonder l'exigence de respect

Ce qu'apporte de fondamentalement nouveau la science d'aujourd'hui est la continuité entre le cosmos et nous. Depuis les particules apparues durant les premiers instants d'après le big bang jusqu'aux structures neuronales nous permettant aujourd'hui l'exercice de l'intelligence, les processus élémentaires ont constamment modifié le monde réel en fonction des mêmes interactions entre les éléments en présence. L'attraction gravitationnelle, les forces électromagnétiques, les deux forces nucléaires, agissent de la même façon aujourd'hui qu'il y a quinze milliards d'années. Du moins est-ce là une hypothèse que rien, apparemment, ne permet de contredire. Certes, la diversité des aboutissements actuels du jeu de ces forces met en évidence l'introduction de l'aléatoire dans le déroulement des événements ; un caillou et un cerveau humain se situent à des niveaux incomparables de complexité ; ils sont pourtant l'aboutissement de deux histoires longues l'une et l'autre de quelques milliards d'années, qui ont eu le même point de départ, dont les étapes résultaient des mêmes règles du jeu, mais qui ont divergé en de multiples occasions.

Tout dans notre univers est « apparenté ». Comment alors prétendre être plus respectable que n'importe quel autre objet ? Un être humain est un agglomérat d'éléments ; pourquoi cet agglomérat – que ses éléments soient des organes, des cellules, des molécules, des atomes, ou des quarks –

serait-il plus respectable, plus inviolable, qu'un autre ? Plus généralement, c'est le concept de sacré qui se retrouve sans support.

Il s'agit de trouver une frontière qui permette, sans trop d'arbitraire, de séparer l'être humain de l'ensemble cosmique qui l'a produit.

Cette frontière pourrait être la possibilité accordée à chacun de s'évader de ce cosmos en étant capable de le penser et, peu à peu, de le déchiffrer. C'est-à-dire de participer à la démarche scientifique. Cela peut paraître un rôle bien difficile à assumer pour cette activité ; mais que proposer d'autre ? Les arguments en faveur de cette fonction de la science ne manquent pas.

Il apparaît que les membres de notre espèce sont les seuls capables de cette performance qu'est la construction collective de la connaissance. Ce qui nous distingue fondamentalement des autres animaux ne nous est pas apporté par la nature, sous la forme d'une dotation génétique, mais nous est seulement autorisé par la nature. Celle-ci s'est conduite comme une mère analphabète qui, sans comprendre la portée de son geste, offre une encyclopédie à son enfant. Un jour vient où, aidé par ceux qu'il rencontre, il parvient, comme Champollion avec la pierre de Rosette, à la déchiffrer, à découvrir du sens derrière les mots, à construire sa vision du monde, notamment sa vision de la partie du monde la plus énigmatique : lui-même.

Ainsi apparaît la conscience, flèche dont le point de départ et le point d'aboutissement sont confondus.

La spécificité humaine ne résulte donc pas de la forme de tel organe ou de la structure de telle protéine ; elle réside dans la capacité à construire une personne à partir de l'individu produit par la nature. Or, cette construction ne peut progresser que grâce à la rencontre des autres.

Nous constatons ici un retournement de la flèche causale : la communauté humaine a été faite par les hommes, mais chaque homme devient lui-même grâce à son immersion dans cette communauté. Une « boucle de rétroaction » s'est mise en place : les individus ont créé la société des hommes, cette société les a transformés en personnes.

Ce constat, que nous propose maintenant la réflexion scientifique, avait été anticipé par des affirmations dont le rapprochement peut sembler inattendu. Ainsi, au XIXe siècle, celle de Karl Marx : « L'essence de l'humanité n'est pas une abstraction inhérente à l'individu pris à part. Dans sa réalité, elle est l'ensemble des rapports sociaux », ou, il y a deux mille ans, celle de Jésus : « Lorsque vous serez réunis, Je serai parmi vous. » La signification est la même : c'est l'appartenance à l'humanité qui nous rend homme.

Cette évidence débouche sur la mise en place d'une société où les « autres » ne sont jamais considérés comme des obstacles, mais toujours comme des sources.

La morale que l'on peut construire sur cette base n'a rien de « naturel » (on ne voit pas comment la nature, qui agit sans prendre en compte l'avenir, pourrait proposer une morale). Elle n'est pas pour autant arbitraire et peut devenir universelle, puisque développée en référence à la science, qui est universelle. Elle peut entraîner une adhésion collective face aux difficultés de nos sociétés. Cette adhésion ne pourra être obtenue que par la mise en place d'une nouvelle forme de démocratie, la démocratie de l'éthique. Elle sera certes plus difficile à mettre en œuvre que la démocratie de la gestion aujourd'hui réalisée dans quelques nations, mais son urgence est grande.

Pour la construire, le meilleur moteur est l'émerveillement, à condition, comme a su le faire le Turc de Versailles, de ne pas se tromper d'objet ; il était moins surpris par le château et ses richesses que par sa propre présence. Oui, le cosmos m'émerveille ; sans fin il me dévoile ses trésors ; mais c'est mon regard sur eux qui le magnifie. Le véritable prodige est que je sois capable de le contempler ; c'est ma présence au cœur du Tanezrouft qui donne sa beauté au ciel nocturne du désert.

NOTES

1. FAROUKI Nayla et SERRES Michel, *Le Trésor des sciences*, Flammarion, 1997.

2. SMOOT George, *Les Rides du temps*, Flammarion, 1994.

3. GREENE Brian, *L'Univers élégant*, Robert Laffont, 2000.

4. BACHELARD Gaston, *La Formation de l'esprit scientifique*, Vrin, 1972.

5. GAMOW George, *M. Tomkins*, Dunod, 1992.

6. QUENEAU Raymond, *Cent Mille Milliards de poèmes*, Gallimard, 1982.

7. FEYNMAN Richard, *Vous voulez rire, monsieur Feynman*, Interéditions, 1985.

8. DARWIN Charles, *L'Origine des espèces*, Flammarion, 1992.

9. EKELAND Ivar, *Au hasard*, Seuil, 1991.

10. EYSENCK Hans Jürgen, « Révolution dans la théorie et la mesure de l'intelligence », in *Revue canadienne de psychoéducation*, vol. 12, nº 1, 1983, p. 3-17.

11. JACQUARD Albert, *Au péril de la science*, Seuil, 1982.

12. Gasquet Sylviane, *Apprivoiser les maths*, Syros-Alternative, 1989.

13. Jacquard Albert, *Les Probabilités*, PUF, 1974.

DU MÊME AUTEUR :

Éloge de la différence
Le Seuil, Paris, 1978

Au péril de la science
Le Seuil, Paris, 1982

Moi et les autres
Le Seuil, coll. « Point-virgule », Paris, 1983

Inventer l'homme
Éd. Complexe, Bruxelles, 1984

Cinq Milliards d'hommes dans un vaisseau
Le Seuil, coll. « Point-virgule », Paris, 1987

Idées reçues
(avec Hélène Amblard)
Flammarion, Paris, 1989

C'est quoi l'intelligence ? Moi je viens d'où ?
(avec Marie-José Anderset)
Le Seuil, Paris, 1989

Abécédaire de l'ambiguïté
Le Seuil, coll. « Point-virgule », Paris, 1989

Voici le temps du monde fini
Le Seuil, Paris, 1991

La Légende de la vie
Flammarion, Paris, 1992

E = CM2
Le Seuil, coll. « Point-virgule », Paris, 1993

Absolu
(entretiens avec l'abbé Pierre, animés par Hélène Amblard)
Le Seuil, Paris, 1994

J'accuse l'économie triomphante
Calmann-Lévy, Paris, 1995

Le Souci des pauvres
Calmann-Lévy, Paris, 1996

Petite Philosophie à l'usage des non-philosophes
Calmann-Lévy, Paris, 1997

L'Équation du nénuphar
Calmann-Lévy, Paris, 1998

La Légende de demain
Flammarion, Paris, 1997

À toi qui n'es pas encore né(e),
Calmann-Lévy, 2000

Paroles citoyennes
(citations recueillies par Alix Domergue
et Albert Jacquard)
Albin Michel, Paris, 2001

Composition réalisée par NORD COMPO

Achevé d'imprimer en août 2006 en Espagne par
LIBERDÚPLEX
Sant Llorenç d'Hortons (08791)
Dépôt légal 1re publication : janvier 2003
Édition 3 : août 2006
N° d'éditeur : 78057
LIBRAIRIE GÉNÉRALE FRANÇAISE – 31, rue de Fleurus – 75278 Paris cedex 06

31/5400/2